上海
天文馆　Shanghai
Astronomy
Museum

迷人的太空

88个关键词解锁宇宙

上海天文馆本书编写组 著

湖南科学技术出版社 博集天卷
CS-BOOKY

·长沙·

序 言

    天文学是人类认识宇宙的科学，它既是最早出现的自然学科，也是推动科学发展、技术创新和社会进步最活跃的前沿学科之一。2021年7月，由上海市政府投资建设的世界最大天文馆——上海天文馆如愿建成了。它以"塑造完整的科学宇宙观"为愿景，努力激发人们的好奇心，鼓励人们感受星空，理解宇宙，思索未来。令人欣慰的是，上海天文馆开馆两年以来持续受到公众喜爱，甚至长期处于一票难求的状态。

    上海天文馆涵盖了当代天文学的各种最新成果，为了帮助大家更好地理解各个展项涉及的科学知识，天文馆的老师们精心编写了这本图文并茂的《迷人的太空》，它以中小学生为主要阅读对象，配合上海天文馆的主要展示内容，精选了88个最有助于理解当代天文学的重要天文名词，针对每一个名词都给出了精练而通俗的解释，并配以精美的科学图片。因此，有了这本书，就像是把上海天文馆的精华和老师们一同带回了家，它将帮助你学习宇宙知识，读懂天文馆。

　　星空浩瀚无比，探索永无止境。相信你会和我一样喜爱这本生动有趣的天文科普书，并在阅读中放飞你们的好奇之心，爱天文、爱科学，一起探索宇宙的奥秘。

叶叔华

中国科学院院士、上海天文台名誉台长

2023 年 8 月

《迷人的太空》编写组

主　　编：林　清　贾　清

作　　者：林　清　王晓菲　陈若颖　孟　迪
　　　　　张　瑶　贾　清　李渊渊　杜芝茂

目 录

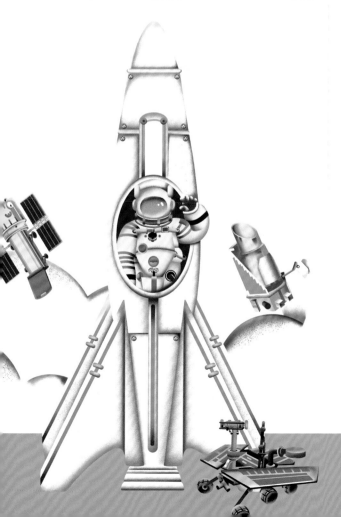

01

星空
数不清的星星

———————————— ————————————

假如有一天，爸爸妈妈带你来到远离城市灯光的海边、沙漠，或是高山宿营地，黑夜降临的时候，你一定能看到夜空中数不清的星星，它们灿烂、迷人，时不时还会微微闪烁，像是在对你调皮地"眨眼睛"。古人对璀璨的星空无比崇拜，你若亲眼见到星空，一样会为它的魅力所惊叹。

寒来暑往，斗转星移。地球的自转导致群星围绕着北极东升西落，而由于地球围绕太阳公转，太阳在天空中的位置每一天都不一样。因此，我们每个晚上看到的星空也略有不同，不同的季节看到的星空则区别很大。比如，天黑不久，夏季南方的星空中最醒目的是天蝎座，而冬季星空的代表星座则是猎户座。

繁星点点的夜空中，我们经常还会看到一条云雾状的光带跨越头顶，那就是美丽的银河，这条光带也会随着群星在夜空中缓缓地移动。城市里的人们已经很难看到银河了。所以，如果有机会来到灯光稀少的地方，一定要记得天黑之后到外面去看看迷人的星空，还有传说中的银河！

银河拱桥

● "不动"的北极星

人们观测夜空时会发现，群星都有东升西落的现象。再仔细一些观察，可以发现，靠北边的群星都像是围绕着北极星在绕圈旋转，北极星则保持不动，是整个天空最特别的星。事实上，群星是围绕着北极，也就是地球的自转轴在旋转。北极星也并非不动，只是因为它十分靠近北极，人们肉眼不易看出它围绕北极旋转的小圈而已。

喜马拉雅山脉上空的星轨

到上海天文馆"家园——仰望星空"展区的"光学天象厅"里感受最逼真的星空!

星座
星星的地址

天文学家告诉我们，人们肉眼可以看到的恒星共有6000多颗，在观测条件极好的晴夜，人们在任一时刻大约可以看到其中的一半。面对如此众多的星星，我们该如何去辨识它们呢？聪明的古人很早以前就已经把星星分成了许多群组，并发挥想象将每一组的星星连成各种形状，有的是神，有的是动物，这就是星座的雏形。不同地区、不同文化背景的人们对星空有着不同的想象，划分出的星座很不相同，各具特色。

为了便于全世界的天文学家进行交流和研究，需要有一套世界通用的标准星座名称。后来，国际天文学联合会以一种起源于古巴比伦的星座系统为基础，制定了统一的规范，补充了一些古人不知道的南方星空的部分星座，从而将全天的星星统一划分为88个星座，大家熟知的有猎户座、大熊座、狮子座等。

每一个星座占据一片明确的天区，星座就像是天上的地图，星星可以被标识为某星座第几号星（以希腊字母排序，例如猎户座 α 星），这样每一颗星星便拥有了自己独一无二的名称。由此，人们就可以读出星星在天上的地址，就能很好地识别这些星星了。

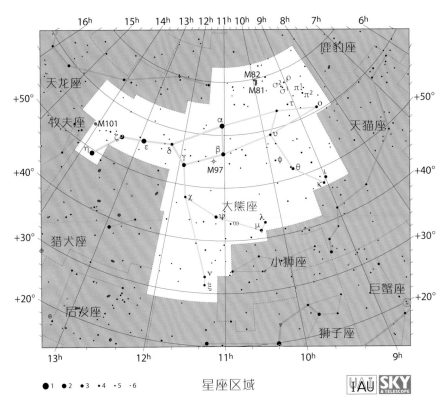

星座区域

中国的星官

中国古代也有自己独具特色的星座系统。全天星空被划分为"三垣""二十八宿"，类似星座这样的星星群组则被称为"星官"，其中星星的数量少则一颗，多则数十颗。中国沿用的星官系统拥有283官、1464颗星，名称大都来自古代的官僚系统和民间生活，十分写实，充分反映了"天人合一"的文化传统。

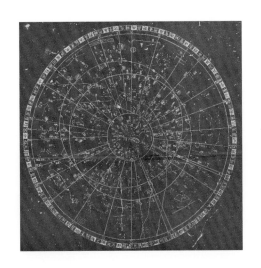

中国星官图

来"家园——仰望星空"展区看"星座与神话"艺术雕塑。

上海天文馆星座主题艺术装置

03
星等
星星的亮度

　　仰望星空的时候，你一定会注意到，天空中的星星有明有暗，亮度并不相同。那么我们如何来描述星星的亮度呢？天文学家有一套特别的表达方法，他们沿用了古希腊天文学家依巴谷（另有译名为喜帕恰斯）提出的星等概念。

　　依巴谷在他于公元前 2 世纪编制的著名星表中，将肉眼能看到的星星按亮度分为 6 个等级，他将最亮的星星称为 1 等星，比 1 等星稍暗一点的是 2 等星、3 等星，而将肉眼勉强可以看到的星星定义为 6 等星。星等的数值越小，星星就越亮。现代天文学家用严格的数学方法重新定义了这一套亮度系统，规定星星的星等每相差 5 等，亮度就相差 100 倍。

　　根据现代的星等定义，有些特别亮的天体的亮度甚至可以用负数来表达，比如我们的太阳，亮度是 −26.7 等，满月时月亮的亮度为 −12.7 等。天狼星是整个天空中除了太阳之外最亮的恒星，它的星等为 −1.46 等。织女星差不多是 0.03 等，而我们熟悉的北极星，只是一颗 2 等星，并非天空中最亮的星。随着大型望远镜和空间望远镜的出现，我们甚至能看到比 30 等星更暗的天体。

一些典型天体的星等

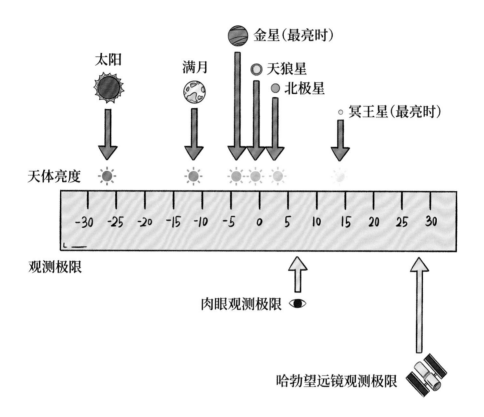

● 变星

夜空中大部分星星的亮度都是长期保持不变的。但是如果仔细观察，可以发现有少数星星的亮度会发生变化。有几颗是行星，它们因为与我们的距离发生了变化，而导致亮度的改变；但是有部分恒星也会发生亮度的变化，这就是"变星"。变星发生亮度变化，有时是因为恒星互相绕转时互相遮挡，有时则是因为自身的物理性质发生了变化。

视星等

星等		亮度（由亮到暗）
1		
2		与 1 等星亮度差约 2.5 倍
3		与 2 等星亮度差约 2.5 倍，与 1 等星亮度差约 6.25 倍
4		与 3 等星亮度差约 2.5 倍，与 1 等星亮度差约 16 倍
5		与 4 等星亮度差约 2.5 倍，与 1 等星亮度差约 40 倍
6		与 5 等星亮度差约 2.5 倍，与 1 等星亮度差约 100 倍

星等示意图

天文馆找找看

在"家园——仰望星空"展区的"光学天象厅"里有关于星星亮度的演示！

04

恒星
"恒定不变"的星星

　　我们在观察星空的时候会发现，大部分星星彼此之间的相互位置长期以来都保持恒定不变，因此古人称这些星星为"恒星"。实际上，太阳也是一颗恒星，它和那些看起来恒定不动的星星具有一样的物理特点——自身会发光发热。而月球和行星不会发光发热，也就不是恒星，只是因为反射了太阳光，它们才能被我们看见。

　　宇宙中的恒星不计其数，太阳是距离我们最近的恒星。恒星都是巨大的天体，许多恒星比太阳还要大，它们之所以在星空中看起来只是一个小点，是因为它们离我们实在太远了。例如，另一个距我们最近的恒星是比邻星，距离我们 4.2 光年，约为日地距离的 26.8 万倍。在那么遥远的地方，太阳看起来也只是一个小星点。

　　仔细观察星空，我们会发现很多恒星经常会出现"眨眼睛"的闪烁现象，这是为什么呢？原来是地球大气在捣鬼。气流不稳定，经常抖动，我们肉眼看不见，但是遥远的星光经过它们时，会发生不同程度的偏折和减光，于是，星星便出现了闪烁现象。

欧洲南方天文台设于智利的拉西亚天文台拍摄的南半球星空及比邻星

● 恒星的名称

少数亮星的名称自古即有，例如天狼星、织女星等。大部分亮星采用了与星座相结合的标识形式，例如，与中国古代星官相配合的命名有角宿一、心宿二等，与现代星座相配合的命名有猎户座 α，狮子座 β 等。绝大多数的恒星采用某一星表中序列编号

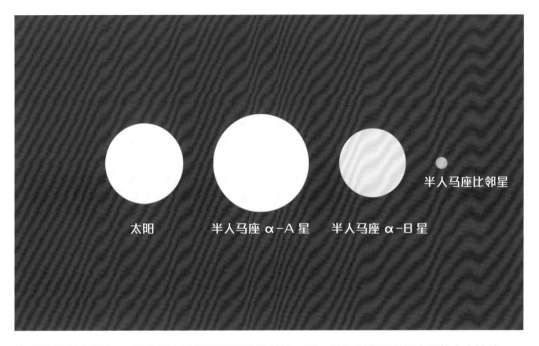

太阳　　　半人马座 α-A 星　　半人马座 α-B 星　　半人马座比邻星

比邻星是半人马座 α 三合星中当前距离地球最近的一颗，图为它们三者与太阳的大小比较

的命名方式，例如，肉眼可见最远的恒星 HD61227，就是《亨利·德雷伯星表》的第 61227 号星。

以夏季大三角的三星为例，同一颗亮星在不同的星空文化中，名字也不同。

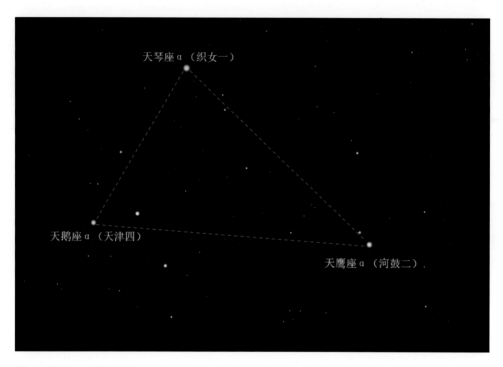

天琴座 α （织女一）

天鹅座 α （天津四）

天鹰座 α （河鼓二）

同一颗恒星不同的名字

在"家园——仰望星空"展区的"光学天象厅"里可以感受最真实的满天繁星。

行星
"漂泊"的星星

当我们观察星空的时候，会发现在漫天繁星之间，有少数几颗星星比较特别，它们通常比较明亮，而且不会闪烁。更为特别的是，相对于"不动"的恒星背景，这些星星会"动"，今天在这颗恒星旁边，几十天之后，可能就在其他恒星附近了。这种特别的星星就是行星，无论是它的中文名称还是英文名称，都是"漂泊者"的意思。

自古以来，人们用肉眼就已经认识了 5 颗行星：水星、金星、火星、木星和土星，后来依靠天文望远镜的帮助，人们又发现了天王星和海王星，连同我们所在的地球一起，构成了太阳系的八大行星。行星和恒星的根本区别是，行星自身不会发光，只是因为反射了太阳光，才会被我们看见。

行星和恒星一样，也会受到大气扰动的影响，但是由于与其他恒星相比，行星与我们的距离要近得多，如果我们用望远镜观察它们，可以看到它们的圆面。由于圆面上不同位置的光受到大气扰动的幅度和方向各不相同，彼此抵消之后，反而使得行星在夜空中不会出现明显的闪烁现象。

迷人的太空

五星连珠（5 颗行星同时出现在天空同一区域）

● 行星的名称

中国古代以五行学说将肉眼可见的 5 颗行星分别命名为水星、金星、火星、木星和土星，而西方则是根据罗马神话，分别将它们命名为墨丘利（信使之神）、维纳斯（爱与美之神）、玛尔斯（战神）、朱庇特（主神）和萨杜恩（农神）。后来发现的天王星和海王星也是以神话人物乌拉诺斯（天神）和尼普顿（海神）来命名的。

在"家园——太阳系"展区，可以与"行星数据墙"互动。

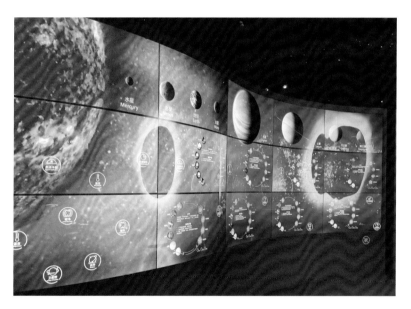

上海天文馆"行星数据墙"互动展项

06 流星

可以"许愿"的星星

太空中游荡着难以计数的微小尘埃和石块,它们被称为流星体。这些流星体时不时就会闯入地球大气层,与大气分子发生剧烈摩擦而燃烧,发出绚丽的光芒,在夜空里一闪而过,这就是流星。

民间传说,对着流星许愿可以心想事成,这种说法其实只是一种美好的愿望而已。然而,欣赏流星从夜空划过,却是别有一番意趣。事实上,流星并不罕见,如果有机会置身野外,有经验的观测者平均每晚都能看到上百颗流星。当然,大多数流星较暗,而且可能会随机出现在天空中的任意方向,所以,如果不是特意去找,能恰好被人们看到的流星就十分稀少了。

每天晚上都会随机出现的流星被称为偶发流星。除此之外,还有一些流星比较特别,因为其碎块的来源是彗星,而彗星的轨道与地球轨道相遇的时间是固定的,所以每年在某些特定时刻,天空中某些区域会比较频繁地出现流星,我们称之为"流星雨",此时朝向预报的方向观察,可以看到较多的流星。

英仙座流星雨

● 流星雨的命名

　　流星雨不仅在出现时间上具有一定的规律性，其流星的运行轨迹也具有规律性。属于同一流星雨的流星，看起来都像是从天空中某一个固定点发射出来的，那个点就被称为"辐射点"。人们正是根据这个规律，用辐射点的位置来命名流星雨的，例如每年 8 月中旬出现的英仙座流星雨，其辐射点就位于英仙座 γ 星。

在"家园——太阳系"展区，观看"流星雨与彗星"视频。

十二星座

运程之说可信吗？

你是什么星座的？你知道你的星座长什么样吗？有人说，你出生的时间所对应的天上的星座，会决定你的性格和未来的命运，这是真的吗？

我们通常说的十二星座，是指黄道上的十二个星座。黄道是从地球上看到的一年中太阳在恒星之间走过的轨迹，十二星座也因此被古人赋予了特殊的含义。过去，占星术把黄道分成十二个相等的部分，每一部分称为一个宫，预言人在出生时，太阳位于哪一宫，这个人就会具有相对应的性格和命运。在古代的星座体系中，黄道上与十二宫相对应的也有十二个星座，分别是：白羊座、金牛座、双子座、巨蟹座、狮子座、室女座、天秤座、天蝎座、人马座、摩羯座、宝瓶座和双鱼座。十二宫和十二星座常被混淆，实际上二者并不相同，十二宫是等分的，十二星座则大小不一。

事实上，占星术早已被现代科学所抛弃，所谓十二宫或十二星座影响性格和命运都是无稽之谈。有趣的是，在现代星座体系中，黄道上共有十三个星座，并且由于岁差的影响，十二星座与十二宫现在实际上也已经完全错位了。

● 星座名称的分歧

由于占星术和科学体系有不同的传承，导致其名词翻译不同，有些星座就出现了不同的译名，例如在科学体系中的室女座、人马座和宝瓶座，在占星术体系中分别被译成了处女座、射手座和水瓶座。这一分歧意外地使人们可以容易地区分使用者究竟是在说科学还是在说占星术。

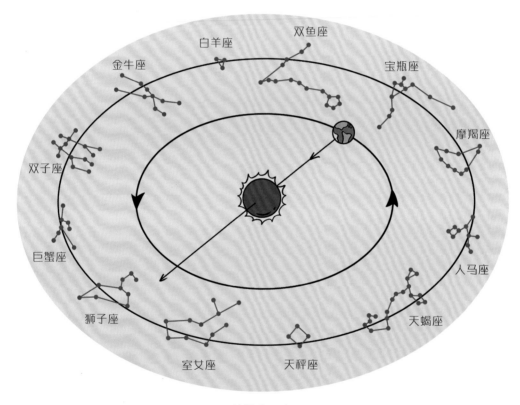

黄道十二宫

可以在"光学天象厅"的节目中寻找十二星座的形象。

光污染
星星到哪儿去了？

　　童谣里说"天上星，亮晶晶，数来数去数不清"，是真的吗？满天繁星曾经让古人无比崇拜，科学也告诉我们，人们肉眼在夜空中可以同时看见的星星约有 3000 颗，可是如果我们身处城市之中，能够看到的星星却是寥寥无几。那些古人随便就能看到的星星，都到哪儿去了呢？

　　其实，那些星星一直都在天上。我们看不到它们，最重要的原因就是光污染，同时还有大气污染等其他原因。城市的灯光给我们带来了夜间的光明，但是同样也照亮了天空，掩盖了众多星星的光芒，这和白天的阳光使得群星"失踪"是一样的道理。我们把这种城市灯光造成的负面影响称为"光污染"，它不仅影响了星空，而且会对环境造成其他方面的影响。事实上，过多的灯光也是对能源的浪费。

　　如果想看到更多的星星，我们可以前往光污染较少的田野、海边和高山之巅，只要没有了灯光，那些星星马上就会重新在你的眼前闪烁。我们呼吁，减少不必要的照明，控制广告灯箱，不要探照灯。行动起来，让我们一起来保护头顶的这片星空！

033

● 观星圣地

优秀天文台的选址，必须寻找完全没有光污染，而且大气稳定、干燥的高海拔地区。目前世界上观测条件最好的天文台址包括美国夏威夷的冒纳凯阿火山，智利的阿塔卡马沙漠和西班牙的加那利群岛等。中国天文学家目前也正在开发南极冰穹 A、青藏高原和新疆的部分地区，期待建成世界级的天文观测基地。

青海冷湖的星空

城市的光污染

09

太阳
光与热的来源

太阳是距离我们最近的恒星，也是使地球上万物生长的能量的来源。太阳的直径约为139.2万千米，是地球的109倍，太阳的"肚子"可以放下130万个地球。太阳是一个极端炽热的气体球，那里的气体都变成了火焰那样的等离子体状态。太阳上最丰富的元素是氢，其次是氦，其中氢元素约占73%，氦元素约占25%，还有极少量的氧、碳等其他元素。

能被我们肉眼看见的太阳表面层是"光球层"，光球层以内是太阳的内部，从里往外分为三层，分别是日核、辐射层和对流层。其中，日核是太阳进行核聚变反应、产生能量的地方，其半径约为太阳半径的1/4，中心温度高达吓人的1500万摄氏度。辐射层是能量向外传递的重要区域，对流层则是太阳内部的最外一层，能量会以类似烧开水那样的对流形式向外传递。

太阳表面向外延伸的大气层通常被称为太阳大气，也有三层，从里向外分别是：光球层、色球层和日冕。色球层很薄，而日冕的范围很大，且它们在可见光波段的辐射都非常微弱，所以我们平时看太阳时完全无法感觉到它们的存在。

● 严禁直接看太阳！

太阳光极其耀眼，因此一定要避免直视太阳，绝对不可直接用望远镜观察太阳！否则会严重损伤眼睛，甚至造成失明。如果要使用望远镜观察太阳，一定要在专业人员的指导下，在望远镜的物镜端前加上专业的滤光膜，或是使用投影的方法，让太阳的投影成像落在目镜后方的一张白纸上，再进行观察。

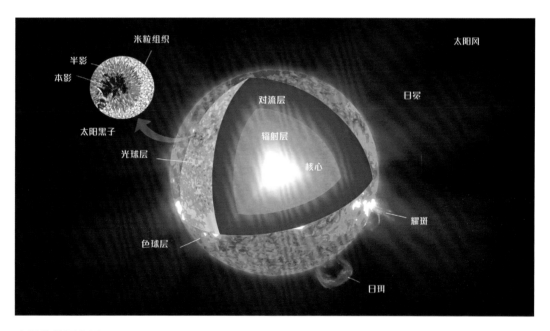

太阳结构示意图

来"家园——日地月"展区，可以看到太阳模型。

10

光子迷宫

漫长的逃逸之路

太阳的光和热都来源于日核，这里的温度高达 1500 万摄氏度，每时每刻都进行着剧烈的核聚变反应，每秒有 426 万吨太阳物质转化成能量，以光子的形式向外辐射。然而，它们无法直接传到太阳之外，从日核到逃离太阳表面，需要经历数十万年的艰难旅程。

光子离开日核之后进入辐射层，那里的物质密度较高，而且温度高达数百万摄氏度，因此粒子和粒子之间的碰撞十分剧烈，光子在前进过程中会遇到各种阻碍，时不时地就会被其他粒子撞飞，甚至倒退回来，就像是在太阳的内部走一个立体的迷宫一样。经过天文学家的计算，一个光子从诞生到它到达太阳表面，最快也要 10 万年，慢的时候甚至要超过 100 万年，平均下来每天行进不到 10 米，比"蜗牛爬"还慢了。

然而，太阳光子一旦脱离太阳表面，就恢复了速度之王的本色，从太阳表面到地球之间的空间比普通实验室里的真空还要空，因此太阳光只需 8 分 20 秒就可以穿越 1.5 亿千米，到达地球。

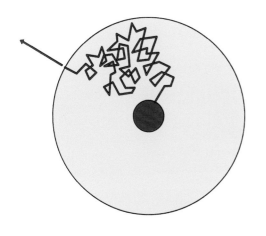

太阳光子向外行进的过程示意图　　　　　上海天文馆"光子走迷宫"互动展项

● 核聚变反应

核聚变反应是指在一定条件下，两个较轻的原子核聚合在一起，从而转变成一个较重的原子核的过程，在这个过程中，物质并非完全守恒，而是会有一小部分核物质被转化为携带有能量的光子，但是根据爱因斯坦的质能转换公式，这个转换效率非常高，微量的物质损耗就会产生巨大的能量，这就是太阳看似不竭之能量的来源。

来"家园——日地月"展区，观看"光子走迷宫"吧。

11 太阳黑子
太阳的"美人痣"

太阳光球层的表面，时常会出现一些黑色斑点，有时单个出现，有时成群结队，像是太阳脸上长的"痣"，又像是太阳"圆饼"上的芝麻粒。这些斑点就是太阳黑子。太阳黑子看起来不大，其实是因为太阳过于庞大，与太阳一比较，黑子自然就显得很小了。实际上，有些大黑子的直径甚至比我们的地球还大。

太阳黑子其实一点都不"黑"，它看起来显得"黑"，是因为它的温度比其周围的光球表面温度要低很多。黑子的中心部分是"本影"，外围不太黑的部分是"半影"（见第 39 页图左上角）。本影的温度大约为 3900 摄氏度，而光球的有效温度约为 5500 摄氏度。如果我们能将黑子周围的光球遮挡掉，就会发现，高温的黑子其实是非常明亮的，只是相对于周围更为明亮的光球，才显得"黑"了。

太阳黑子的形态非常复杂，进一步的研究表明，太阳黑子与太阳的磁场结构有密切关系，其数量的多少还与太阳活动的强弱息息相关，黑子多的时候往往就是太阳活动激烈的时候，活动周期平均为 11 年。

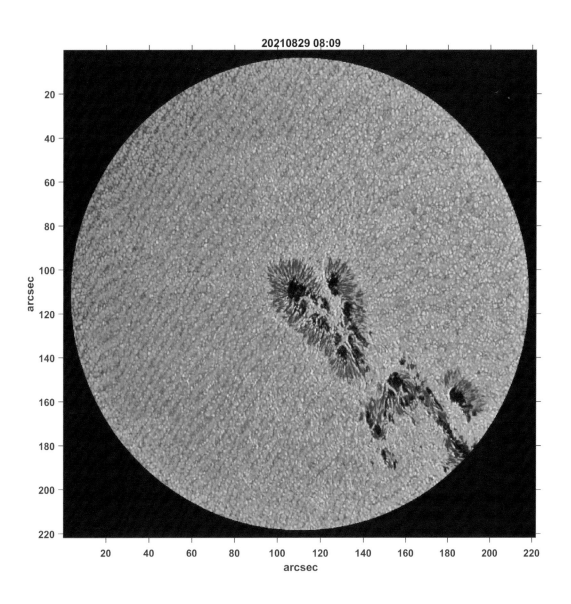

上海天文馆"羲和太阳塔"拍摄的太阳黑子和米粒组织

● 米粒组织

在高分辨率的太阳表面影像上可以观察到，平时看起来白板一块的光球面上密布着无数颗粒状结构，被称为"米粒组织"。太阳内部结构的最外一层是对流层，即光球层向里的一层。米粒组织是对流层中上升的气团冲击光球造成的，顾名思义，这里的物质会像烧开的米粥一样上下翻滚，形成众多颗粒状的结构。米粒的直径约为 200 ~ 2500 千米，整个日面约有 400 万个米粒组织。

预约来"羲和太阳塔"观看实时太阳像，有机会看到真实的太阳黑子和米粒组织！

日珥
太阳的"小耳朵"

日珥最早是在日全食的时候被发现的。当太阳的光球层被月影完全遮挡之后，人们可以看到紧挨着光球层的太阳边缘有一些小小的拱形结构，因为它们长得很像"小耳朵"，所以被称为日珥。

后来人们发明了日珥镜等专业观测设备，通过一些特殊的滤光片，可以直接观察到光球层外部的色球层。研究表明，日珥实际上是色球层上一种常见的明亮突出物，太阳表面经常会向外喷射红色火焰状的物质，大小不一，形态各异，有时像一座拱桥，有时像一个喷泉，有时像一条红色飘带，这就是日珥。千万不要小瞧了它，日珥的喷发高度常常可以达到几万千米，一个典型的日珥甚至可以包裹好几个地球。

日珥分为宁静日珥和活动日珥等类型。宁静日珥会持续数天甚至数月，由太阳磁场支撑着，盘旋在光球层之上基本保持不变。活动日珥则是快速喷发，一般持续几分钟至十几小时。日珥喷发是一种十分壮观的现象，色球层上突然升腾起红色的火柱，抛出大量气体物质然后弯曲下落，形成一个拱或环。

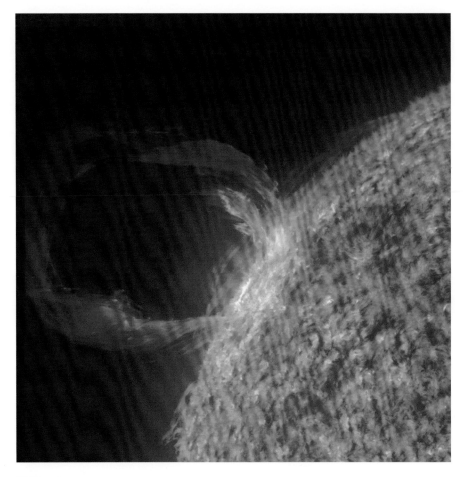

日珥

● 色球层

　　色球层是太阳光球层之外，紧贴着光球的一层薄薄的大气，密度很低，平时被光球层的强光所遮蔽，只有在日全食的食甚阶段才能被看见，通常呈玫瑰红色。现在，我们通过专用的滤光片可以直接看到色球层，见到多种太阳活动现象，如日珥、耀斑、谱斑、针状体等。

极光

谁持彩练当空舞

如果有一天，你有幸来到高纬度地区，会有很大的机会看到天空中突然出现的炫光之舞，摇曳的身姿，五色的彩带，如神秘的精灵在空中飘舞，怎不令人如痴如醉，终生难忘？这就是极光，不仅在北极附近可见，在南极同样可以看见，只是通常大家难有机会去那里旅游罢了。

极光是太阳发出的太阳风和地球磁场共同作用的结果。太阳风里的带电粒子，以每秒数百千米的速度飞向地球。在地球磁场的作用下，它们中的一部分会沿着磁力线方向进入南北两个磁极附近，使大气中的氧、氮、氩等原子产生电离，形成紫色、红色、白绿色等不同颜色组成的绚丽光带。极光的强度和颜色都会随着太阳活动的剧烈程度发生改变。

极光大多发生在极区附近，发生在北极附近的是北极光，发生在南极附近的则被称为南极光。加拿大、美国的阿拉斯加州和北欧国家都是观赏极光的好去处。

你知道吗？在太阳系的其他星球上，例如木星、土星，同样也会出现极光现象。

● 太阳风

在太阳日冕层的极端高温下，氢、氦等原子都已经被电离成带正电的质子、氦原子核和带负电的自由电子等。部分带电粒子的运动速度极快，可以挣脱太阳的引力束缚，射向太阳外围的太空，形成太阳风，速度一般在 200 ~ 800 千米 / 秒。正是太阳风中的高速带电粒子流在到达地球后引发了各种地磁活动现象。

北极光

"家园——太阳系"展区的"极光"装置，展现了极光原理以及其他行星上的极光现象。

16

月球
地球的伴侣

　　月球是地球唯一的天然卫星，陪伴地球走过了数十亿年的旅程，是地球忠诚的伴侣。日常生活中我们常将它称为月亮。月球的直径约为 3476 千米，约为地球的 1/4，而质量只有地球的 1/81.3。月球围绕地球公转的轨道不是正圆，因而距离地球有时近，有时远，平均距离约为 38.44 万千米。

　　月球与地球一样，是一个岩石球体，从内向外可分为三层：月核、月幔、月壳。月球的表面同样也有高山、岩石和土壤，但是月球基本没有大气，所以人在月球上是无法直接呼吸的，然而在月球上看到的星星却特别明澈、安宁。月球表面也没有液态水，目前暂未发现任何生物存在。

　　月球是怎么来的？天文学家对此曾有很多猜测，提出过"同源说""俘获说"等多种假说。目前较多人认同一种名为"撞击说"的推测。该推测认为，在地球形成的早期，曾经有一个火星大小的天体和地球发生了碰撞，随后产生了大量的物质碎片围绕地球运动，在引力的作用下，这些碎片逐渐聚成球体，慢慢形成了陪伴地球的月球。

月球的表面

● 月球的别名

　　除了我们熟悉的月亮这一名称，月球在中国传统文学作品中还有各种各样的别名，例如：与"太阳"相对的"太阴"，以轮为名的"玉轮""桂轮"，以镜为名的"圆镜""玉镜"，以盘为名的"银盘""玉盘""冰盘"，以其他形状为名的"银钩""玉弓""玉钩"，以神话为名的"望舒""嫦娥""广寒宫""桂宫""玉兔""金蟾"……值得细细玩味。

在"家园——日地月"展区，有巨大而逼真的月球模型，和一组关于月球形成假说的艺术雕塑作品。

上海天文馆月球模型

17

环形山
月球的"大麻脸"

当我们仰头观察月亮的时候，首先会注意到它的表面有许多暗区，这些暗区被科学家称为"月海"。后来的考察表明，月球上并没有液态水。所谓月海，其实只是月球上地势较低的平原，因为反照率比较低，所以看起来比较暗。与此相反，月面上的亮区被称为"月陆"，实际上是地势较高的古老高地，由于反照率高，因此看起来比较亮。

1609年，伽利略第一次用望远镜观察月球时，发现月球表面布满了碗形的凹坑，大小不一，数量众多，这就是环形山。它有点像火山口，但是并非火山，而是由来自太空的许多小天体撞击形成的，是一种撞击坑。环形山是月球表面最显著的特征。

由于月球没有大气保护，任何撞击都会在月面上形成一个凹坑，数十亿年来，数不清的撞击造就了月面这张满布环形山的"大麻脸"。月面环形山通常以历史上著名科学家的名字命名，如哥白尼、第谷、阿里斯塔克等。

● 月球上的中国名

月球上也有少量以中国古代科学家的名字命名的环形山，如石申、张衡、祖冲之、郭守敬等，但都位于月球的背面。随着中国探月的发展，中国人也取得了对月面特征的命名权，命名了毕昇、蔡伦等环形山，以及广寒宫、紫微、太微、天市等其他月面特征，目前为止，以中国元素命名的月球地理实体已有 22 个。

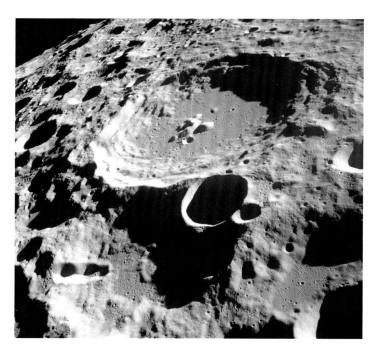

月球表面的环形山

来"家园——日地月"展区看月球模型。

18 月相
月有阴晴圆缺

　　"人有悲欢离合，月有阴晴圆缺。"这首词描绘了一个常见现象：我们每天看到的月亮形状都是不一样的，这种变化被称为月相。原来，月球本身是不发光的，我们每天看到的月亮，其实是月球朝向地球的这一面（正面）被太阳照亮的部分。由于月球绕地球公转，日、地、月三者的相对位置一直都在变化，我们所看到月亮的形状也就出现了变化。月相变化大致每月完成一个循环，农历就是按月相变化来编排的。

　　每月初一，月球位于地球和太阳之间，正好以背光之面朝向我们，月相为"朔"，亦称"新月"，这时我们看不见月亮。初四前后，在日落后的西方天空可以看见一弯月牙，就是"蛾眉月"。初八前后，月球正面有一半被照亮，此时的月相名为"上弦"。

　　农历十五前后，从地球上看，月球正好位于背离太阳的另一侧，因此日落之时，月球正从东方升起，整个夜晚可以看见一轮圆月，此时月相为"望"，即"满月"。此后，月球正面被照亮的部分逐日变小，农历二十三前后，变为半圆形的"下弦"月相，几天后，又变成日出前东方可见的"残月"。月相变化依此规律周而复始。

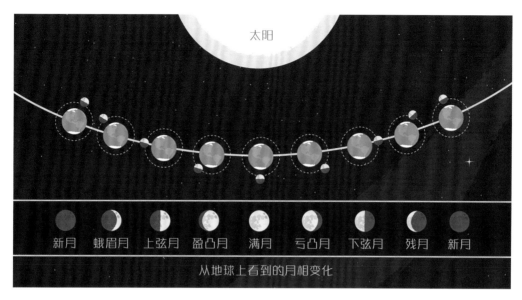

太阳

新月　蛾眉月　上弦月　盈凸月　满月　亏凸月　下弦月　残月　新月

从地球上看到的月相变化

月相成因示意图

● 为什么有时看不见月亮？

不仅每天晚上看到的月亮形状不一样，事实上，我们每天能够看到月亮的时间长短也不一样。从初一到十五，月亮都是日落前就已从东方升起，上半夜可见。随后我们能够看到月亮的时间越来越长，农历十五时全夜可见。但十五之后，月亮就变为日落之后才升起，逐渐转为后半夜可见，升起的时间越来越晚，我们能够看到月亮的时间也越来越短。

在"家园——日地月"展区，有解说月相成因的展板。

1

特殊的自转
月球总以正面示人

如果我们注意观察月亮，就会发现，虽然每天月相都在变化，但是月球表面那些暗黑色的特征从未改变。也就是说，月球似乎一直以同一面朝向地球，这一面被称为月球的正面。月球为什么总是以正面示人呢？是不是因为月球没有自转？

事实正好相反。作为地球的卫星，月球既自转，又围绕地球公转。设想有一个人围着你转圈，如果那个人自己没有自转，那么他在绕着你转圈的时候，你就会看到他身体的各个面，有时是正面，有时是侧面，有时是背面。所以，没有自转并不会造成公转时始终以同一面示人。

是什么原因使得我们只能看到月球的一面呢？原来，月球的自转非常特别，它的自转时间竟然和公转时间是相等的。也就是说，月球绕地球转过多少角度，它的自转也恰好往同一方向转了多少角度。正是这个巧妙的同步自转，使得我们始终都只能看到月球的同一面。

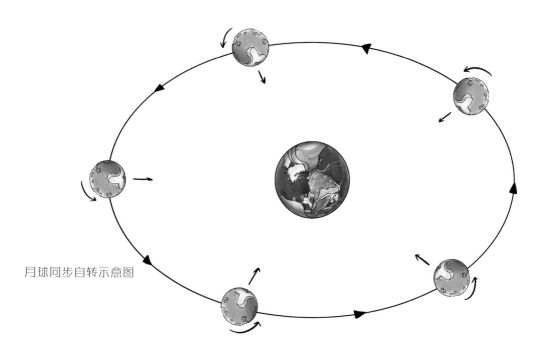

月球同步自转示意图

● 月球在远离我们

同步自转是地球和月球彼此之间长期的潮汐摩擦造成的，物理学上称为"潮汐锁定"，实际上太阳系中很多大卫星也都有类似的现象。有趣的是，潮汐锁定还会产生一个后果——月球在逐渐远离我们。据测量，当前月球离开我们的速度是每年 3.8 厘米，相对于月球与地球 38.44 万千米的平均距离而言，这当然只是一个难以察觉的微小变化。

在"家园——日地月"展区，有关于月球同步自转的展项。

日食

谁在"吃"太阳

你见过日食吗？平日里光辉灿烂的太阳，有时会突然缺了一角，有时甚至整个太阳都变黑了！古人对此种现象甚为恐惧，以为是什么怪物吞食了太阳，称之为"天狗食日"。好在持续时间不长，通常几小时之后，太阳就恢复正常了。

为什么会出现这种现象呢？原来这是日、月、地三个天体的相互位置关系造成的。每个月的农历初一，月球走到了地球和太阳中间，日、月、地三者大致排成了一条直线，月球就在太阳的附近，但是隐没在太阳光辉之中，并不可见。在一些特殊情况下，如果月球正好位于那条直线上，就会将太阳遮挡住。日食时，你在太阳上看到的黑影其实就是那个熟悉的月球。

有时，我们可以看到太阳完全被月球所遮挡，壮观的日全食会使得整个天空突然昏暗下来。而在有的地区，或是日全食中太阳尚未被完全遮挡的时间里，月球只是部分遮挡了太阳，人们就会看到日偏食。在一些更稀有的情况下，人们还可能看到太阳被遮掉后只剩下周围一圈的日环食现象。

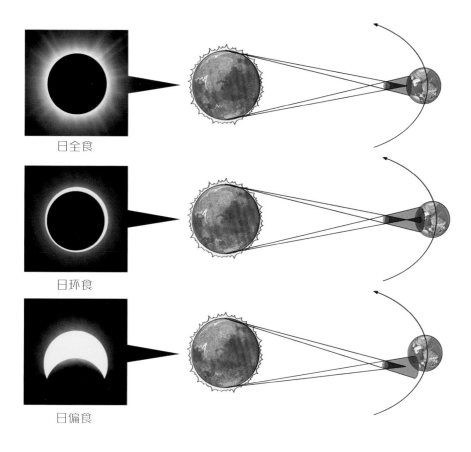

日全食

日环食

日偏食

日食原理示意图

日全食奇观

日全食的食甚阶段，光辉灿烂的太阳不见了，黑色太阳圆盘的周围却出现了平日里看不见的太阳外层大气——日冕。紧贴黑色圆盘的地方，通常还可以见到一圈红色的色球层大气，以及小耳朵似的日珥。而在太阳刚被遮蔽，以及即将重新现身的瞬间，黑太阳的边缘有时还会出现珍珠串一般的"贝利珠"闪光现象，十分迷人。

2023 年澳大利亚日全食

2012 年日偏食、日环食

在"家园——日地月"展区，有关于日全食的多媒体展项。

月食
谁在"吃"月亮

听说过"天狗吃月亮"吗？和日食类似，一轮圆月有时也会出现缺掉一角的现象，好像也被天空中的怪兽"咬"掉了一口，这就是月食。

月食的原理与日食相似，只是这一次，是地球走到了太阳和月球的中间。发生月食的时间通常在农历十五前后，准确地说，是在月相为"望"的时候。此时的月球正好运行到从地球上看，背离太阳的方向，大部分情况下，地球不会遮挡阳光，我们看到的就是一轮圆月。但是在少数情况下，地球正好精确地位于日月连线之上，影子扫过了月面，我们就会看到圆月缺了一角，月面上的那个黑斑其实就是地球的影子。

月食分为月全食和月偏食两种。当地球的影子部分投射在月球表面上时，我们看到的就是月偏食。如果地球的影子完全投射在月球表面，就会出现月全食。由于地球的影子比月面大很多，所以不会发生日环食那样的月环食现象。

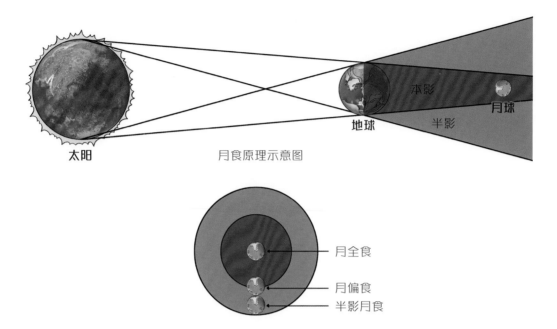

本影

月球

地球

半影

太阳

月食原理示意图

月全食

月偏食

半影月食

● 红月亮

有趣的是，月全食的时候，虽然地球的影子完全扫过了月球，但是月球并未完全变黑，而是散发出一种神秘的古铜色，变成了一个红月亮。造成这种现象的原因是地球的外围有大气，地球本体挡住了阳光，但是部分阳光通过大气的散射后仍能射向月面，但是此时光线的色彩以红色为主。

月全食食甚时的红月亮

在"家园——日地月"展区，有关于月食成因的展项。

太阳系
太阳系大家庭

太阳系是我们自身所在的天体系统。位于太阳系中心的是这个大家庭的家长，也是这里唯一的恒星——太阳，它的质量约占整个太阳系总质量的99.86%。围绕在太阳周围的有8颗行星、180多颗卫星，还有矮行星、彗星、数不清的小行星和其他小天体。

除太阳之外，太阳系最重要的成员就是八大行星，从内到外分别是：水星、金星、地球、火星、木星、土星、天王星和海王星，其中靠内的4颗行星是类似地球的以固态岩石为主要特征的行星，靠外的4颗行星则是巨大的气态行星。除水星和金星之外，其他行星都带有卫星，气态行星的卫星甚至多达几十颗。

在火星和木星的轨道之间，分布着超过100万颗小行星，这里被称为小行星带。在海王星轨道之外的广阔空间是以冥王星为代表的又一个小天体环带——柯伊伯带，最远距离大约有50个日地距离那么远，这是目前人类已知的太阳系最远距离。在此区域之外更为遥远的区域，仍然是太阳系引力控制的疆域，但是目前我们对它还缺乏了解，有待未来更多的探索。

太阳系全景图

● 这也太空了吧？

按比例缩小我们的太阳系，来想象一下空旷的太阳系。假设我们将一个直径约 4 米的房间视作以柯伊伯带为边界的太阳系，可以算出太阳的大小只有大约 0.7 毫米！其他地方全部是真空，只有极个别地方有几个画不出来的小点，算是大行星，这就是无比空旷的太阳系。那么距离我们最近的比邻星呢？它将远在大约 50 千米之外！

在"家园——太阳系"展区的"行星数据墙"处，可以探索太阳系各大行星的奥秘。

23

水星
离太阳最近的行星

水星是距离太阳最近的行星，也是太阳系中最小的行星，直径只有地球的38%。在罗马神话中，它被称为信使墨丘利。水星每88个地球日绕太阳公转一圈，公转速度相对较快，但是自转却很慢，需要59个地球日才能完成一次自转。

虽然名字里有水，但水星上实际一滴水都没有。由于靠近太阳，又没有大气，所以昼夜温差极大，白天最高温度可以达到440摄氏度，夜晚最低可达零下160摄氏度以下。和月球类似，由于没有大气的保护，水星也必须直面太空中许多小天体的撞击，因此水星表面布满了大大小小的环形山，和月面的形态十分相似。

水星比较靠近太阳，在实际观测中也是如此，水星与太阳的最大角距只有28度，因此常常湮没在太阳的光辉里。水星出现在太阳东边，最远时与太阳的角距离被称为"东大距"，此时可以在日落后的西方地平线上找到它。而当水星出现在太阳西边，最远时与太阳的角距离被称为"西大距"，可在黎明前的东方低空找到它。

信使号水星探测器拍摄的水星图像

● 水星凌日

当水星运行至地球和太阳之间，如果三者正好处于同一条直线，便会发生水星凌日的天象。此时观测太阳，会发现有一个黑色的小圆点慢慢地横穿日面，那就是水星。水星凌日平均每一百年出现 13 次，上一次出现于 2019 年 11 月 11 日，下一次将于 2032 年 11 月 13 日出现。与此类似，位于水星和地球之间的金星也会发生金星凌日的现象。

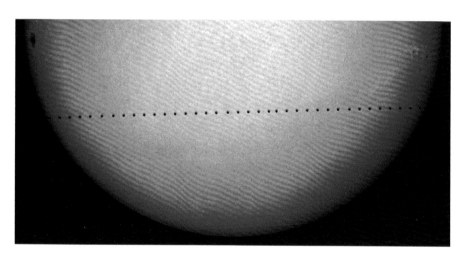

2006 年水星凌日

在"家园——太阳系"展区的"行星数据墙"，可以找到水星的有关信息。

24

金星
地狱般的美神之星

金星是太阳系由内向外的第二颗行星，绕日公转周期为 225 个地球日，自转周期为 243 个地球日。有趣的是，金星的自转方向和其他行星完全不同，它是从东往西转，所以在金星上，太阳真的是从西边升起，从东边落下。金星的大小、质量都与地球相近，常被称为地球的姊妹星，然而两者的"个性"却是大不相同。

金星以罗马神话中爱与美的女神维纳斯命名，但其实际环境却极为恶劣，如同地狱一般。金星表面到处都是炽热的火山，而且大气层非常稠密，大气压比地球大 90 倍，大气中 96.5% 是二氧化碳，还有浓厚的硫酸云，剧烈的温室效应使它成为太阳系中温度最高的天体，表面温度约为 480 摄氏度。

金星和水星一样，在太阳系中离太阳较近，但是它比水星亮得多，与太阳的角距离也更大，最大的角距可以达到 48 度，因此更容易被观察到。金星可能在凌晨日出前出现在东方，此时被称为"启明星"；也可能在傍晚日落后出现在西方，此时被称为"长庚星"。

● 金星的相位变化

如果哪一天你有机会从天文望远镜中观察金星，你会吃惊地发现，金星竟然像月亮一样也有相位变化，也会缓慢地从弯钩形变成半圆形，再变成满月那样的圆形，然后再逐渐变成亏缺的相位。17世纪初，伽利略首次使用望远镜观察金星时，就发现了这一现象，并用日心说对此现象做出了科学的解释。

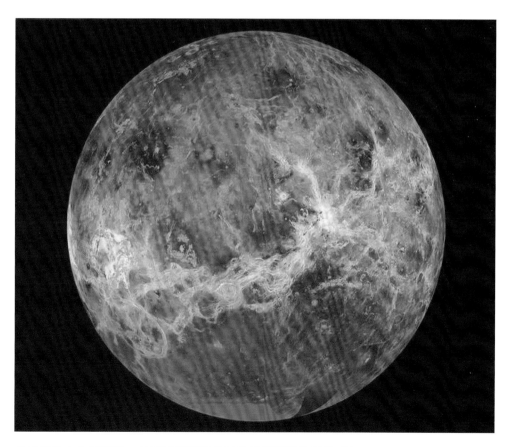

金星图像（由先驱者－金星号和麦哲伦号金星探测器数据合成）

金星的相位变化

在"家园——太阳系"展区，可以看到模拟的金星表面的场景。

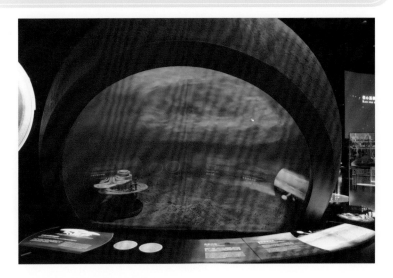

上海天文馆金星场景展项

25

火星

红色的战神

火星是太阳系由内向外的第四颗行星,在夜空中看起来略显红色,因此在西方被称为"玛尔斯",为罗马神话中的战神;在我国古代则被称为"荧惑","荧"指红色,"惑"是因其在天空中的运动轨迹比较复杂,令人迷惑。

火星的直径约为地球的一半,质量只有地球的11%,但在许多其他方面都和地球比较相似。它的自转周期为24小时37分钟,约等于地球的1天;公转周期为687天,约为地球的2倍;自转轴倾角为25.2度,与地球相近,因此火星上也有四季变化。火星上也有大气,但是十分稀薄,大气压只有地球的60%,大气的主要成分是二氧化碳。

火星的表面土壤中含有大量的氧化铁,且大气中悬浮着红黄色微尘,使得整个火星看起来像是铁锈一般的红色。火星的红色沙漠上布满了沙丘和石块,还有纵深的峡谷、陨击坑、高山等。当前的火星上没有液态水,但近期的探索表明,它在遥远的过去曾经有过流动的水。火星有2颗卫星,体积很小,形状奇特。

● 火星运河之谬

19世纪末的意大利天文学家斯基亚帕雷利热衷于用望远镜观测火星，并仔细绘制了火星表面地图。他注意到火星表面似乎有不少规则的细线，就将它们命名为"水道"，但在翻译成英语时被不恰当地翻译成了"运河"，从而引发了风靡一时的火星人传说。后来的火星探索早已证明这些细线其实只是因为影像分辨率不够高而造成的一些错觉。

2007年罗塞塔号探测器拍摄的火星

在"家园——太阳系"展区，"火星上的水"装置展示了火星上水的演变历史。

木星
巨无霸天神

　　木星是太阳系由内向外的第五颗行星，也是最大的行星。它的直径约为地球的11.2倍，肚子里能装下1300个地球，质量比太阳系其余行星的总和还大，不愧其"巨无霸"之称。木星在西方被命名为"朱庇特"，即罗马神话中的主神；而在中国，它被称为"岁星"。

　　木星的公转周期为11.86年，自转一周却只需9.8小时，如此高速的自转使其赤道部分鼓出，呈现出比较明显的椭球形。木星外面包裹着厚达1000千米的大气，主要由氢、氦、甲烷等物质组成。表面有许多可观测到的醒目的条纹状结构，它们是木星大气中的云带。在木星的南半球，还可以观测到一个"大红斑"，它实际上是一团激烈旋转的气流，距发现至今已经过了300多年。

　　在夜空中，木星是一颗亮度仅次于金星的明亮天体。400多年前伽利略用望远镜首次发现了木星的4颗卫星，截至2022年，已确定发现的木星的卫星总数达80颗，其中木卫三是太阳系中最大的卫星。利用普通的望远镜就可以看到木星表面的云带结构和它的4颗大卫星。

哈勃空间望远镜拍摄的木星

● 彗木相撞

　　1994 年 7 月 16 日至 7 月 22 日，人类第一次预测并实际观测到了一次其他星球上发生的天体撞击现象。舒梅克－列维 9 号彗星在接近木星的过程中，在木星的强大引力作用下分裂成了 21 块碎片，并陆续撞击了木星的南半球。彗木相撞成为轰动全球的天文事件，为人们观测和研究木星大气的内部结构提供了极好的机会。

舒梅克－列维 9 号彗星被木星的引力撕碎成 21 块碎片

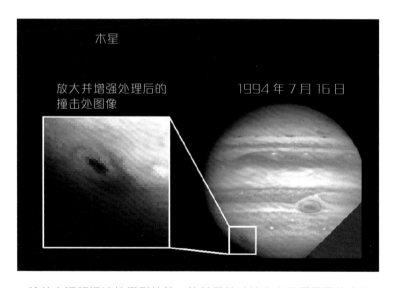

哈勃空间望远镜拍摄到的第一块彗星碎片撞击木星后留下的痕迹

来"家园——太阳系"展区，了解"大气的真相——行星风暴"。

27 土星

戴草帽的美丽行星

土星是太阳系由内向外的第六颗行星，也是太阳系中第二大的行星，直径为地球的9.42倍。土星是太阳系中密度最小的行星，它的密度比水还低，因此如果有一个足够大的游泳池，它甚至可以漂浮在水面之上。土星的核心可能由铁镍和岩石构成，外壳是一层很厚的液态氢，大气层厚约1000千米，主要由氢组成，土星大气上同样拥有色彩斑斓的条纹。

土星是我们肉眼可见最远的行星，使用普通的望远镜就可以见到那个醒目而美丽的大光环，像是戴在头顶的草帽一般。现代太空探测发现，土星环实际上是由大大小小的冰块、砾石和粒子所组成的，反照率很高。实际上，木星、天王星、海王星也有光环，但都十分暗淡，用一般的望远镜难以看到。

土星拥有的卫星比木星还多，目前已发现82颗，其中最著名的是土卫六，它也是太阳系的第二大卫星。土卫六拥有着浓厚的大气层、坚硬的地表，以及流淌过液态甲烷和乙烷的河床。它的大气中存在着许多与原始地球类似的复杂化学物质，因此，土星也是探索地外生命的重要场所。

哈勃空间望远镜拍摄的土星

薄如刀锋的土星环

　　土星的主光环包括明亮而宽阔的 A 环、B 环，以及较暗的 C 环，三个主环的平均宽度接近 2 万千米，但是大部分光环的厚度却只有 10 米，按这个宽度与厚度的比例来看，土星环简直比我们现实生活中的蝉翼和刀锋还要薄得多。光环的各部分之间有明显的裂

卡西尼号土星探测器拍摄的土星光环

缝，最醒目的是 A 环和 B 环之间的卡西尼环缝。主环内外后续又相继发现了 D、E、F、G 等众多暗环。

在"家园——太阳系"展区，可以看到"土星光环"模型和"土卫六的甲烷海"。

上海天文馆"土星光环"模型

天王星

躺着也能转

天王星是太阳系由内向外的第七颗行星。这是一颗巨大的冰态气体球，它非常冷，表面是冰状的外壳，中心有一个岩石的核心。天王星有一层浓厚的大气层，但是云层最低温度只有零下224摄氏度，主要成分是氢和氦，还有一部分甲烷和微量的氨。

天王星的绕日公转周期为84.01年，自转周期为17.9小时。与其他行星相比，天王星最大的奇特之处是：它几乎是躺着绕太阳公转的！它的赤道面与公转轨道面的倾角接近98度，这一特点表明它在遥远的过去可能与别的天体发生过剧烈的碰撞。目前已发现天王星有27颗卫星。

由于天王星距离我们较远，肉眼很难看到它。天王星是人类历史上第一个用望远镜发现的行星。在此之前，人们一直认为太阳系中只有地球和另外五个肉眼可见的行星。直到英国天文学家威廉·赫歇尔于1781年用自己制作的望远镜偶然地发现了它，从此大大扩展了人类对太阳系边界的认知。

● 乔治之星

1781 年 3 月 13 日，威廉·赫歇尔首次观察到了天王星。当时赫歇尔还以为它只是一颗彗星，后来经过其他天文学家的轨道计算才确认，它实际上是一颗新的行星。为讨好当时的英国国王乔治三世，赫歇尔将其命名为"乔治之星"，但后来的天文学家还是决定延续以天神命名行星的传统，将其改名为现在的天王星。

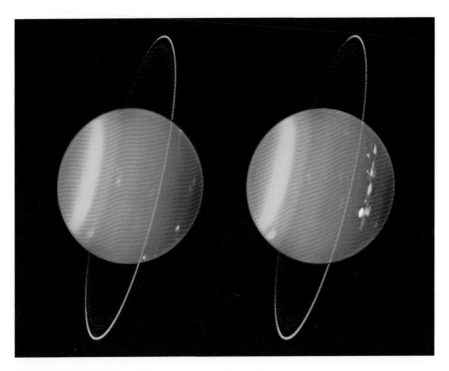

凯克望远镜拍摄的天王星

海王星
算出来的行星

　　海王星是太阳系中距离太阳最远的行星。海王星也是一颗冰态巨行星，体积比天王星略小，但质量更大。海王星同样拥有液态氢和液态氦的海洋，以及浓密而冰冷的大气，其顶部温度只有零下 220 ~ 零下 210 摄氏度。海王星的自转周期为 16.11 小时，公转周期却长达 164.79 年。海王星的自转倾角为 28.32 度，因此也有四季的变化。目前发现，海王星拥有 14 颗卫星。

　　海王星的发现过程最为传奇，堪称人类科学计算的杰作！天王星被发现后，天文学家发现它的实际运行轨道与理论预测存在偏差，因此推测在天王星之外可能还有一颗行星在运行。19 世纪 40 年代，英国天文学家亚当斯和法国天文学家勒威耶各自计算出了这颗行星的位置。根据勒威耶的预测，德国柏林天文台的伽勒于 1846 年 9 月 23 日发现了海王星，与预测的位置相距不到 1 度。

　　海王星拥有太阳系中最剧烈的风暴系统，最大风速高达 2100 千米 / 时，比声速还快！相比较而言，地球上的 12 级风速也只有 118 千米 / 时。

● 大暗斑

海王星上曾出现过一个名为"大暗斑"的巨大风暴，于1989年被美国旅行者2号星际探测器发现。与木星的大红斑一样，这是个反气旋风暴。这个斑点的大小与地球相当，观察显示它是黑暗的，且有着向海王星内部凹陷的巨大椭圆结构。有趣的是，当1994年哈勃空间望远镜再度拍摄海王星时，却发现这个大暗斑完全消失不见了。天文学家认为，大暗斑可能是被遮盖了，也有可能是消失了。一说是因为太过靠近海王星赤道，大暗斑已消散，或是因为一些未探明的原因，我们目前无法观测到这个巨大风暴了。

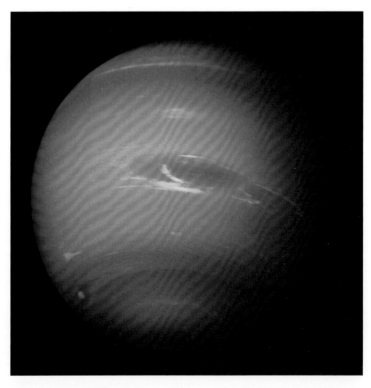

旅行者 2 号拍摄的海王星

冥王星
被降级的倒霉天体

　　1930 年由美国天文学家汤博发现的冥王星曾经位列太阳系的第九大行星。然而，因它比月球还小，轨道特点也与其他几颗行星很不相同，所以冥王星的行星地位长期以来都备受质疑。2006 年召开的国际天文学联合会大会上，天文学家们表决通过了行星的新定义。根据这个定义，冥王星不再被称为行星，而是被正名为"矮行星"。

　　矮行星是一种介于行星和小行星之间的新类型天体，它们仍能保持球形结构，但是因为引力不够强大，导致其运行轨道上还能同时存在其他小天体。同时被归为矮行星的还有原属小行星带的谷神星，以及柯伊伯带新发现的阋神星、鸟神星和妊神星，冥王星虽被降级，却成了矮行星这一群体中的"老大"。

　　冥王星是体积最大的矮行星，质量却仅有月球质量的约 1/6，主要由岩石和冰组成。冥王星的绕日运行轨道很扁，与太阳距离最远的时候可达 74 亿千米，最近的时候却只有 44 亿千米，甚至比海王星离太阳的距离还近。现已发现冥王星的 5 颗卫星。

● 柯伊伯带

柯伊伯带因美国天文学家柯伊伯的天才预言而得名，他于20世纪50年代做出大胆的预测，认为在海王星轨道之外存在着另一个由大量小天体构成的带状区域，部分彗星可能就来源于此。几十年后，天文学家在这一区域果真陆续发现了上千个小天体，统称为"柯伊伯带天体"，冥王星就是其中最大的一个。

新视野号探测器拍摄的冥王星

来"家园——太阳系"展区，看冥王星模型。

31

彗星

长尾巴的扫帚星

夜空中有时会出现一种长相十分特别的天体，拖着长长的尾巴扫过天空，这就是彗星。"彗"在古代是扫帚的意思，彗星在民间也常被称为"扫帚星"。因其长相古怪，古人常把彗星的出现视为一种不祥之兆。

实际上，彗星只是太阳系中一种普通的小天体，它来自柯伊伯带或更为遥远的地方，沿着很扁的椭圆形轨道绕太阳运动，围绕太阳运行的时间短至几年，长的可达数百万年，甚至一去不返。彗星"彗核"的直径约为几米至几十千米，由冰块、尘埃、砂砾和石头混合而成，就像一个"脏雪球"。

在远离太阳的地方，彗星只是一个冰冻的小天体，毫不起眼。然而在靠近太阳的过程中，彗星表面的冰态物质开始融化、升华，形成云雾状的彗发和背向太阳方向的彗尾。越是靠近太阳，彗尾就变得越长，有的大彗尾甚至可能超过1亿千米，然而密度却非常低，甚至比常见的人造真空还低。然而，从地球上看去，仍然可以看见彗星展现出的壮观的彗尾，令人印象深刻。

美丽的海尔波普彗星

● 哈雷彗星

　　哈雷彗星是著名的短周期彗星，每隔 75 ~ 76 年就会回归一次，通常肉眼就可看见。早在公元前 613 年，中国的史书上就已经记载了这颗彗星，但它之所以被命名为哈雷彗星，却是因为英国天文学家埃德蒙·哈雷最先使用开普勒定律算出了它的周期，成功预测了它的回归。哈雷彗星上一次回归出现在 1986 年，下一次回归将于 2061 年再现。

在"家园——太阳系"展区，可以看到"彗星运行"展项和"彗星与流星雨"多媒体展项。

32 小行星
数不清的小天体

1801年元旦，意大利天文学家皮亚齐在火星和木星的轨道之间发现了第一颗小行星，将其命名为谷神星。由于它的直径只有945千米，还不到月球直径的1/4，于是天文学家只能称它为小行星。

不久之后，人们就陆续发现了智神星、婚神星和灶神星等越来越多的小行星，它们的个头都比谷神星还小，所处位置却都在火星和木星的轨道之间，形成了一个有趣的"小行星带"。今天，我们已经在小行星带中确认发现了超过107万颗小行星，但这可能还只是小行星总数的一小部分。绝大多数小行星都非常之小，它们的总质量加起来还不到月球的3%。除了谷神星接近球形之外，其他的小行星形状都很不规则，表面粗糙。根据2006年国际天文联合会对行星的新定义，谷神星被重新归类于矮行星。

关于小行星带的来源，主要有两种猜测。一种说法认为，小行星是某颗大行星受到意外撞击后碎裂形成的；另一种说法则认为，由于某种未知的原因，此区域内的物质未能聚合形成行星，而变成了小行星。

⊙ 小行星的命名

　　小行星的名字均由两部分组成，前面一部分是一个永久编号，后面一部分则是一个名字，例如1125号中华星、3241号叶叔华星等。小行星的命名权现在一般属于发现者，可以使用地名、人名、机构、民族、神话等进行命名。最后由国际小行星命名委员会进行审核确定。

433号爱神星

在"家园——太阳系"展区，有谷神星及若干小行星模型。

上海天文馆小行星模型

33 陨石

天外来客

陨石是唯一可被我们触碰到的来自天上的小星星，它们还携带着太空深处的信息。就像侦探破案一样，对其解剖、研究，就可以深入了解太阳系的起源和演化，了解它们的远古秘密。

这些小天体还在太空中飞行的时候还不能被称为陨石，而应该被称为"流星体"。它们有大有小，有的庞大如小山，有的比黄豆还小。广袤的太空中有着数不清的流星体，它们有时会巧遇地球，撞入地球的大气层，与大气分子发生剧烈摩擦，燃烧并产生光迹，这就是我们看到的流星。大部分流星体在这一过程中都会燃烧殆尽，但也有少数较大的流星体在燃烧之后仍残留部分物质，这些物质掉落地面，就是我们所知道的陨石了。

根据化学成分和矿物组成，陨石可分为三大类：石陨石、铁陨石和石铁陨石。石陨石为最常见的陨石，占陨石总数的92%左右，和地球上的岩石成分相似。铁陨石主要成分是铁和镍。石铁陨石则是以上两种成分的混合体，数量则最少，约占陨石总数的2%。

● 维斯台登构造

　　维斯台登构造是在大部分铁陨石中存在的一种独特的交织状纹路结构，由奥地利的科学家维斯台登所发现。这种纹路清晰且富有美感的维斯台登构造，自然形成需要数百万年的时间，因此无法伪造，维斯台登纹得以成为铁陨石的"身份证"和结构分类的重要依据。

　　"家园——太阳系"展区的陨石展柜集中展现了各种精彩陨石，必看！

铁陨石上的维斯台登纹

34

银河系

庞大的恒星"都市"

当我们远离城市灯光、仰望星空时，就会注意到星空中有一条白雾般的光带横跨天际，这就是银河。400多年前，伽利略首次用望远镜分辨出了银河中的点点繁星，它们都属于一个超级庞大的恒星"都市"，这就是银河系。银河系由至少1000亿颗恒星组成，还有各种各样绚丽的星云、星团、缥缈的气体和尘埃，以及难以被直接观测到的暗物质。

银河系在星系分类中属于棒旋星系。它从整体上看就像是一个薄薄的圆盘，名为"银盘"，直径约8.2万光年；银盘中有4条旋涡状的旋臂，旋臂由气体和众多新生的恒星组成；银河系的中央是一个名为"核球"的恒星密集区域，其中心是一个超大质量黑洞，核球外部在银盘中延伸形成一个棒状结构。银盘之外，是一个范围更大的近球形空间区域，即"银晕"，直径约10万光年。

我们的太阳系位于猎户座旋臂的一条支臂中，距离银心大约2.6万光年，太阳带着整个太阳系家族围绕银心旋转，绕一周需要的时间长达2.5亿年。

● 难识庐山真面目

"不识庐山真面目，只缘身在此山中。"对银河系的了解同样受此限制，我们无法跳到银河系之外，也就无法直接看到银河系的真正形象。人们要想对银河系的整体结构有一定的认识，需要使用各种特殊的观测手段来探查银河系中一些典型物质的分布情况，同时还要参考其他类似星系的形象进行类比和推测。

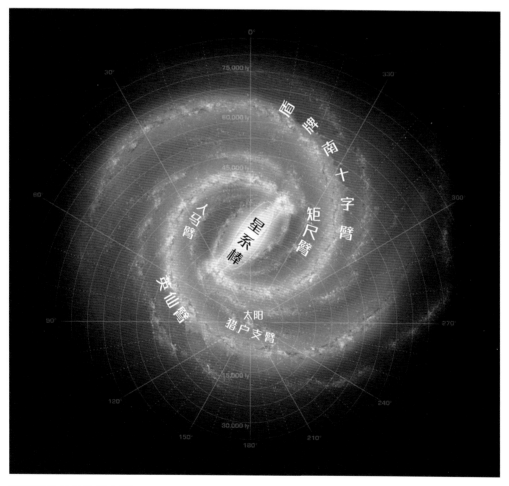

银河系整体结构示意图

在"家园——银河系"展区，播放着关于银河系结构的巨幕影片。

上海天文馆"银河画卷"展项

35

星系
天外有天

作为一个拥有数千亿颗恒星，直径超过 10 万光年的庞大天体系统，银河系曾经被认为就是整个宇宙。然而天文学家告诉我们，在银河系之外，竟然还有数不清的类似天体系统，它们被统称为星系。

我们甚至用肉眼就能看到几个银河系之外的星系。在清澈的夜空条件下，眼力好的人在仙女座内可以看到一个模糊的云团，它被称为仙女座星云。美国天文学家哈勃第一次用无可争议的证据测定了这个星云的距离，证明了它远在银河系之外，因此只能是银河系之外的另一个星系，它也从此更名为仙女座星系。现代测量确定它的距离为 220 万光年，而且在尺度上比我们的银河系更大。此外，如果我们有机会到南半球去，抬头就可以看到一大一小"两朵云"，分别为大麦哲伦星系和小麦哲伦星系，它们是距离我们银河系最近的两个星系邻居。

天外有天。如今我们已经知道，宇宙中至少拥有 2000 亿个大小不一的各种星系，银河系只是其中十分普通的一个成员。如今观测到的最遥远星系距离我们已经超过了 130 亿光年。

迷人的太空

● 银河系的邻居

银河系的周围还有大约50个星系在引力束缚下形成了一个星系集群，被称为本星系群。仙女座星系、银河系和三角座星系是其中的主要成员。紧挨着银河系的是一些较小的矮星系，其中包括直径约2万光年的大麦哲伦星系，以及小麦哲伦星系、大犬座矮星系、人马座矮椭圆星系等，最小的直径还不到1000光年。

M31 仙女座大星系

来"宇宙——引力"展区，寻找关于星系的内容。

36 星团

扎堆的星星集团

　　人怕孤单喜群居，星星也好扎堆，宇宙中大多数恒星都是成群聚集的。两颗恒星相互绕转构成双星，多颗恒星聚在一起称为聚星，而更多的恒星抱团，就成了星团。星团是由十几颗、上千颗，甚至上百万颗恒星，因相互之间的力学联系而汇聚在一起的恒星集团。

　　星团可以分为疏散星团和球状星团两种。其中疏散星团的成员数量较少，少的十几颗，多的上千颗，空间分布比较松散。疏散星团通常比球状星团年轻，一般只有几百万年到几十亿年。金牛座的昴（mǎo）星团是我们最熟悉的疏散星团，肉眼即可见。银河系目前已发现了2000多个疏散星团。

　　球状星团则是庞大而密集的恒星集团，通常由成千上万，甚至几百万颗恒星组成，其成员星的空间分布呈现为典型的球状分布，直径为20～500光年。球状星团的年龄通常超过100亿年，因而成为研究银河系历史的"活化石"。目前在银河系中已发现了150多个球状星团。科学家们在其他星系，例如仙女座星系、麦哲伦星系等星系中也都辨识出了大量球状星团。

● 昴星团

昴星团是北半球星空中最容易用肉眼观察到的星星集团，它位于金牛座，通常在晴朗的夜晚仅凭肉眼就能分辨出其中六七颗特别亮的星，也正因此，民间常常将其称为"七姐妹星团"。昴星团距离我们大约为 400 光年，是离我们最近的疏散星团，成员星约为 300 颗，分布在大约 13 光年的直径范围内。昴星团的年龄仅有 5000 万年，非常年轻。

M45 昴星团

在"宇宙——引力"展区，有关于星团的展项。

M13 武仙座球状星团

37 星云
缥缈的太空云雾

恒星和恒星之间是无比辽阔的星际空间，其中散布着许多密度极低的气体和尘埃，而在它们比较密集的地方，就会形成各种各样的云雾状结构，这就是星云。

有一类星云是恒星演化后期的产物。其中一种名为"行星状星云"，它们在望远镜中呈现为一个小圆面，看上去有点像行星，实际上却是小质量恒星演化到晚期的时候，缓慢地向外抛射物质而形成的。另一种星云名为"超新星遗迹"，它们是大质量恒星演化到晚期时，发生超新星爆炸并剧烈地抛出大量物质而形成的。

另一类星云是星际空间大量存在的弥漫状气体和尘埃。如果星云内部或附近存在高温的恒星，这些恒星发出的紫外辐射会激发星云气体发出荧光，这就是"发射星云"。如果星云的附近只有普通的、不会自己发出辐射的亮星，但这些星云却可以反射近旁亮星的星光而为我们所见，这就是"反射星云"。如果星云的附近没有恒星，气体本身也不发光，看起来就是暗黑一团，这就是"暗星云"。

● 恒星形成区

　　恒星通常诞生于星际气体和尘埃比较密集的区域，一大片气体云会渐渐分裂，形成一群新生的恒星，因此我们经常会看到一片星云中点缀着众多年轻的恒星，这就是恒星形成区。著名的猎户座大星云就是一个典型的恒星形成区，用望远镜很容易就可以看到其中央有一个明亮的被称为"猎户四边形"的年轻疏散星团。

M42 猎户座大星云

白矮星
超级结实的星星

像太阳这样的恒星，在恒星世界里只能算是小质量恒星。它们在以氢为主的核燃料快要耗尽的时候，就已步入晚年了。这个时候，恒星内部会产生更多复杂的热核反应，同时其本体也会分成两层，即气体外壳和一个物质密度极大的核心。它的外壳会慢慢膨胀，变成体态臃肿的红巨星，随着时间的推移，外壳气体最终将会飘散在太空中，变成壮丽的行星状星云。

而在它的核心，物质被压缩到了每个原子都最大程度相互紧挨的状态，这个状态被称为"简并态"。这个核心变成了一颗超级结实的白矮星，其密度大大超过我们熟知的各种物质！太阳的质量是地球的33万倍，体积是地球的130万倍，而当它变成白矮星后，体积将缩小到比地球还小。在白矮星上，一个弹珠大小的物质便可重达几十吨！

变成白矮星的太阳已经不能再进行热核聚变反应了，只能依靠"余热"发光。实际上，它也已经不再是一颗恒星，将在未来的岁月里慢慢冷却，最终变成一颗黑矮星。

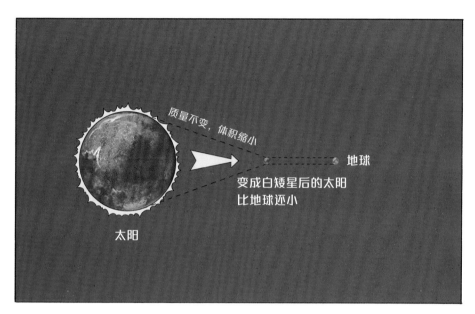

白矮星与太阳、地球对比

白矮星上弹珠大小的物质可重达几十吨

迷人的太空

天狼伴星

天空中除太阳之外最亮的恒星是天狼星,而已知离我们最近的白矮星就是它的伴星,被称为"天狼伴星"。1834年,德国天文学家贝塞尔发现天狼星的移动路径呈现有规律的波浪形,从而推断它应该拥有一颗伴星。1862年,美国光学家克拉克用当时最大的折射望远镜看到了它。1920年,天文学家利用光谱分析确认它是一颗白矮星。

天狼星及其伴星

在"宇宙——引力"展区,有关于"恒星之归宿"的大型屏幕演示。

脉冲星
宇宙级"灯塔"

　　天文学家有时会接收到一种来自太空深处的奇怪无线电波，它每隔1秒左右发射一次，因此这种快速脉冲的射电源被称为"脉冲星"。人们一度怀疑这是来自外星人的呼叫，后来才明白它实际上是中子星发出的信号。

　　中子星是大质量恒星死亡后的产物，它是一种比白矮星密度还高的天体。大质量恒星在生命末期会经历一场超级猛烈的超新星爆炸，它的核心快速坍缩，连原子核都会被压碎。最终大质量恒星会变成一颗极其致密、完全由中子组成的中子星。中子星半径一般只有10～20千米，大小如同一个普通城市，质量却和太阳相当。中子星上一个弹珠大小的物质不再是数十吨，而是令人难以想象的数十亿吨！

　　中子星通常都拥有强大的磁场，并会不断地从磁轴的两端向外发出电波信号。有趣的是，中子星的自转轴和磁轴通常并不重合，星体高速自转的时候，电波信号就会像灯塔一样向外扫射，如果地球正好被它扫过，我们就会接收到一个周期性的信号，如同脉搏跳动一般。

● 诺贝尔奖的遗憾

1967 年，英国剑桥大学的女研究生乔斯林·贝尔在检查观测记录时，发现了一组周期为 1.33 秒的射电脉冲信号。很快，她又在其他位置发现了多个类似的脉冲信号，她马上意识到这不是外星人的信号，而是一种新的天体。遗憾的是，表彰这个重大发现的诺贝尔奖却只授予了她的导师安东尼·休伊什，而没有授予她，没有给予一位女科学家应有的荣誉。

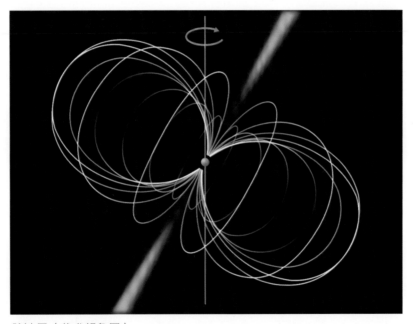

脉冲星（艺术想象图）

在"宇宙——引力"展区，有"恒星的一生"的屏幕演示及脉冲星、中子星模型。

黑洞
宇宙终极"吸尘器"

　　白矮星和中子星的超高密度已经远远超出了常人的想象，那么宇宙中是否存在比中子星还要致密的天体？答案竟然是：有！那就是黑洞。理论研究指出，大于 25 倍太阳质量的恒星，最终会演化成一个黑洞。

　　科学家猜想，是否存在一种特殊的天体，它的引力极其巨大，任何东西都不能逃脱它的束缚，以至于连宇宙中跑得最快的光也发不出来？这种终极"吸尘器"可以吸引周边的任何物质，那么它的密度必然高得惊人，且全黑不可见，因此得名"黑洞"。

　　黑洞曾经只是一种理论上的天体，现在却已被天文观测所证实。我们虽然不能直接看到黑洞本身，却可以通过很多间接的证据来确认它的存在，例如黑洞周围的物质具有的运动特性，黑洞周围的吸积盘会发出高能的喷流等。然而，黑洞内部的物理条件十分极端，超过了现代引力理论的适用范围，所以它的密度究竟多大，我们仍然不得而知，它的内部迄今也仍是一个谜。

黑洞吸积盘及喷流（艺术想象图）

● 超大质量黑洞

　　大质量恒星在超新星爆炸之后产生的黑洞被称为恒星级黑洞。然而在实际观测中，天文学家们却在许多星系的中心发现了一种特殊的超大质量黑洞，其质量竟然可以达到100万倍至10亿倍太阳质量！我们的银河系中心也存在着一个400万倍太阳质量的超大质量黑洞。如此巨大质量的黑洞究竟是怎样形成的，至今仍是天文学研究的热门课题之一。

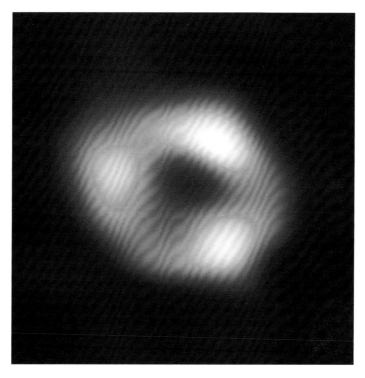

2022 年 5 月 12 日首次发布的银河系中心超大质量黑洞照片

在"宇宙——引力"展区，有关于黑洞的展项。

41 星系碰撞
宇宙级 "交通事故"

宇宙无比空旷，但星系间偶尔也会发生碰撞。比如我们所在的银河系和邻近的仙女座星系，目前就在彼此靠近。天文学家们预计，仙女座星系会在大约几十亿年内和银河系发生碰撞，这将是一场宇宙级的 "交通事故"。

然而，星系碰撞和常见的车辆碰撞可是大不一样。星系内部，恒星和恒星彼此之间的距离十分遥远，所以当两个星系相撞时，一般并不会发生恒星和恒星的直接碰撞。所谓星系碰撞，其实是两个星系的恒星和气体之间发生强烈的引力相互作用，各个天体原来的运行轨道会发生改变。经过长时间的 "纠缠" 之后，两个星系可能各自改变形态后擦身而过，也可能彼此就混合在一起，形成一个新的星系。

星系碰撞在宇宙中并不罕见，观测发现有些星系的形态十分有趣，比如双鼠星系，其实就是两个星系正在碰撞，呈现出 "彼此纠缠" 的形象。

● 星系的形态

星系的形态大致可以分为三类。最常见的是旋涡星系，其基本特点是具有一个扁平的盘状结构，从核心向外延伸出数条旋臂。部分旋涡星系的核心还有一个棒状结构，这类星系被称为棒旋星系，银河系就属于这个类型。第二种类型则是椭圆星系，外形近似椭圆形态，没有更多的细节特征。第三种类型是不规则星系，通常就是星系碰撞过程中形成的特殊形态。

双鼠星系 NGC4676

在"宇宙——引力"展区，有"银女星系大碰撞"多媒体展项。

超新星

宇宙级"爆炸"

大家都听说过炸弹会爆炸，可能还听说过人类制造的威力最大的核爆炸，然而，宇宙中还存在着一种令人难以想象的超级大爆炸，那就是巨大的恒星整体发生爆炸！这样的爆发天体就是超新星。

超新星爆发是宇宙中规模最大的爆炸事件。一次超新星爆炸所释放出来的辐射能量，相当于太阳在其一生中辐射出的能量的总和，有的超新星甚至可以照亮它所在的整个星系。爆炸发生之后，我们在夜空中可以观察到，一个原本星光非常暗弱的地方突然变得十分明亮，光亮可能持续几周至几个月才会逐渐衰减下去。

所幸的是，像太阳这样的小质量恒星不会发生超新星爆炸。通常，太阳质量8倍以上的大质量恒星在演化的晚期、核燃料耗尽之后，才会发生剧烈的超级大爆炸。爆炸后，这些恒星的核心物质往往会形成中子星或黑洞，而外围物质则向外抛出，形成超新星遗迹。

● 蟹状星云

　　史书《宋会要辑稿》中记载了宋代至和元年（1054 年）出现的一次特别的天象，金牛座中，中国古代称为"天关星"的星官附近，突然出现了一颗从未见过的亮星，几周之后才慢慢暗弱下去，书中将其称为"天关客星"。近千年之后，人们用望远镜观测，在那个位置发现了美丽的蟹状星云。研究表明，这个星云仍在向外膨胀，正是那次 1054 年超新星爆炸的产物。

蟹状星云

在"宇宙——引力"展区，有屏幕演示了"恒星的一生"。

43 光年
天文学家的距离单位

都说天上的星星距离我们非常遥远,究竟有多远呢?人们常说,某颗星星距离我们几十万"光年",那又是什么意思呢?

日常生活中,我们常用"厘米""米"这样的单位来衡量距离,更远一些的会用到"千米"。但宇宙中天体的距离太远了,如果还用这种单位,就会很不方便。比如,地球与太阳的平均距离是 1.5 亿千米,而与最近的恒星邻居比邻星的距离,是日地距离的 26.8 万倍,与其他恒星的距离更是这个数值的几十万倍,乃至几十亿倍。

为此,天文学家采用了另外一种表达距离的单位,其中最常用的一种就是"光年",它将光在真空中直线传播一年所走过的距离称为 1 光年,大约等于 9.46 万亿千米。按照此定义,地球与比邻星的距离就是 4.2 光年,这样一个简单的数字就比较容易表达和记忆。即使这样,由于大部分天体都极为遥远,表达天体距离的数字依然十分巨大,例如:仙女座星系距地球约 220 万光年,而我们与如今能够观测到的最远天体的距离甚至超过了 130 亿光年。

量天单位

● 秒差距

　　天文学中还有一种常用的表达距离的单位，即秒差距。它应用了三角视差的原理：如果从地球绕日轨道的两边分别去观测远处的天体，就会发现两次观测时这个天体的位置出现微小的角度差，天体距离地球越远，角度越小。我们把角度差正好为 1 个角秒时对应的天体距离称为 1 秒差距。这个定义不太容易理解，知道 1 秒差距等于 3.26 光年的换算关系就可以了。

在"宇宙——时空"
展区，有"量天的单
位"展项。

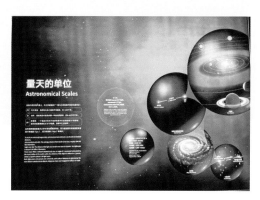

上海天文馆"量天的单位"展项

量天尺
测量天体的距离

　　天体如此遥远，我们怎样知道它们之间的距离？随着科学的发展，天文学家们已经拥有一系列测量天体距离的办法，构建了一个"量天尺"系统。

　　距离我们比较近的天体，例如月球、金星等，可以直接采用雷达测距的办法，通过测量一束光波来回的时间来获得天体的距离。但遥远的恒星就不能直接测量了。科学家们首先应用三角视差法，在相隔半年的时间里分别去测量同一个天体在天空中的位置，这就相当于从地球轨道的两侧分别观测该天体，测量位置会出现微小的变化。如果能够测量出这个变化，就可以根据三角关系推算出恒星与我们的距离。三角视差法适用于距离我们几百光年的恒星。

　　对于更为遥远的天体，我们就要运用各种物理规律来推测天体的真实亮度，由于天体的视亮度随着距离的变化而变化，所以只要将天体的真实亮度与其视亮度进行对比，就可以推算出天体的距离，这类方法包括造父变星法、超新星法等。最遥远的宇宙尺度测量则需要应用哈勃定律，即通过测量星系的红移来推算其距离。

三角视差法

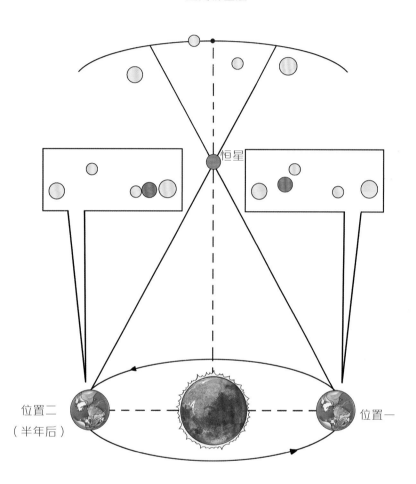

恒星

位置二
（半年后）

位置一

● 造父变星法

　　造父变星法是一种在几百万光年范围内，相对而言较为精确的测距方法。它利用了一种名为"造父变星"的特殊变星的性质：这种变星的亮度变化周期和真实亮度之间有固定的关系。因此，只要确定了造父变星的存在，并测出它的光变周期，就能确定它们的真实亮度，与视亮度进行比较之后，就可以推算出其距离。

迷人的太空

造父变星法

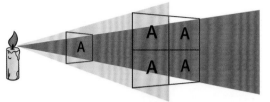

蜡烛的可视亮度，与我们和蜡烛距离的平方成反比

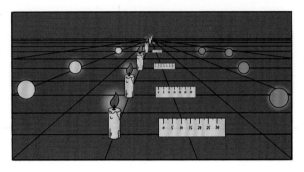

蜡烛本身发出的光强度没有变化，只是由于距离的改变，可视亮度发生了变化

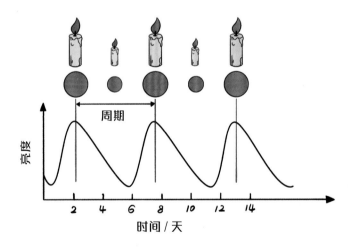

造父变星及其光变曲线（天体亮度随时间变化的曲线）

在"宇宙——时空"展区，有"量天尺"互动展项。

45

引力
掌控宇宙的力量

　　引力是宇宙间影响最为深远的自然力。牛顿在300多年前就已发现，宇宙中任意两个物体之间都存在着相互吸引的力，即引力。引力的大小与两个物体的质量成正比，与两个物体距离的平方成反比。物体的质量越大，或两者之间的距离越近，它们之间的引力就越大。

　　引力无处不在，因此又被称为万有引力。它把地球上所有的物体都牢牢地吸在地球表面，也决定了月球围绕地球运转，地球围绕太阳运转。宇宙中的物质在引力的作用下聚集成团，逐渐演化成恒星、星团、星系等天体或天体集团。引力就像一双无形的手，不仅把我们牢牢地束缚在地球上，还决定了天体的运行规律，甚至恒星的一生。可以说，引力是掌控整个宇宙运行的"指挥官"。

　　牛顿提出的万有引力定律是自然科学发展史上最伟大的成果之一，它把地面物体的运动和天体的运动统一了起来，在人类认识宇宙的历史上树立了一座伟大的丰碑。

◉ 四大基本力

　　引力是宇宙中决定天体之间相互作用的重要力量。除此之外，自然界中还有其他三种基本力，比较常见的是电磁力。其实我们平时熟悉的弹力、摩擦力等，本质上都可以被归类为电磁力。另外两种基本力是强相互作用力和弱相互作用力，主要在微观粒子物理世界中起作用。它们的共同作用造就了这个丰富多彩的物质世界。

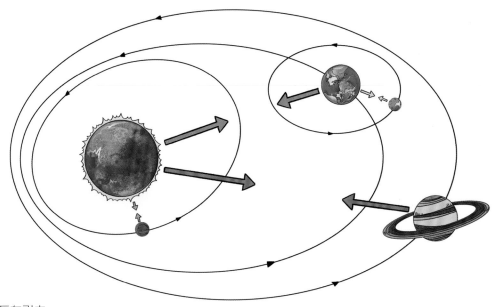

万有引力

（颜色相同、方向相对的一对箭头代表相互吸引的两个天体）

在"宇宙——引力"展区，有"自由落体"及"引力阱"等互动展项。

46

主序星
恒星的诞生和演化

　　太阳是我们最为熟悉的恒星，但它在恒星世界里只是普通的一员。在一种专门研究恒星演化的科学数据图"赫罗图"中，95%以上的恒星都集中于一条带状区域，且都处于正常的热核燃烧过程中，保持着恒定发光发热的状态，我们称这些带状区域里的恒星为"主序星"。太阳就是一颗主序星。

　　天文学家现已基本了解了恒星的诞生和演化规律。无数的气体和尘埃，经常会形成一片片又冷又密的巨大分子云，它们在某些特殊情况下，会加快内部物质的碰撞和融合，在引力的作用下，中心物质越聚越多，同时温度不断升高，直到引发核聚变反应，从此可以独立自主地发光发热，一个恒星就这样"出生"了！

　　不同恒星的生存时间差别很大。大部分恒星诞生之后，可以维持正常发光发热几亿年甚至100亿年以上，直到晚期快速走向衰亡。太阳已经诞生了大约50亿年，目前仍处于主序星阶段，其预期寿命约为100亿年，这意味着太阳还能继续正常发光发热约50亿年。

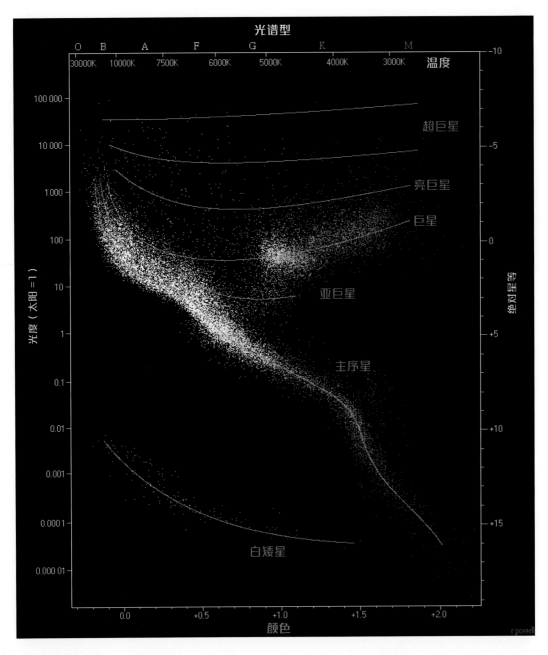

典型的赫罗图

● 红巨星

大部分恒星在度过它漫长的主序星阶段之后，便会进入红巨星阶段。这个时期的持续时间通常只有几百万年。红巨星的特点是体积非常巨大，但是表面温度却比较低，因此通常呈现为红色。金牛座的毕宿五和牧夫座的大角都是典型的红巨星。太阳在50亿年后也会变成红巨星，其体积会膨胀到将整个金星的轨道都吞入"肚"中。

在"宇宙——引力"展区，有"恒星的一生"屏幕演示展项及"恒星的诞生"互动展项。

47 变星

恒星亮度变变变

大多数恒星的亮度都是稳定不变的，然而天文学家经过仔细观测还是发现，一些恒星的亮度会周期性发生变化，这就是变星。通过高精度测量，天文学家们至今已经发现了5万多颗变星。根据变星的亮度发生变化的物理原因，可以将变星分为两个大类。

第一类被称为内因变星，也就是星体本身的物理状态发生了变化。比较常见的一种情况是恒星自身发生周期性的膨胀和收缩，导致其亮度发生了周期性的变化，一般被称为脉动变星，例如著名的造父变星。另一大类变星是亮度突然变化的爆发天体。恒星演化晚期通常会发生剧烈的爆炸现象，即新星或超新星，按广义的定义它们也可以被列入变星的范畴。

第二类被称为外因变星，通常是因为它属于一个双星系统，较暗的伴星周期性地经过其前方，遮挡了主星的部分光线，从而导致其亮度发生周期性的变化，这种变量一般被称为几何变星。比如著名的英仙座大陵五，就是历史上最有名的变星。

● 海山二星会炸吗？

　　海山二星位于船底座，距离地球约 7500 光年，质量约为太阳的 150 倍。此星的亮度变化极不规则，1677 年最早被发现时是颗 4 等星，1843 年曾经亮至全天第二亮星，又曾多次暗至肉眼不可见。目前亮度约为 5 等。海山二星因为质量巨大，被预测其寿命短暂，可能很快就会发生超新星爆炸，也许发生在百万年后，也可能就发生在明天。

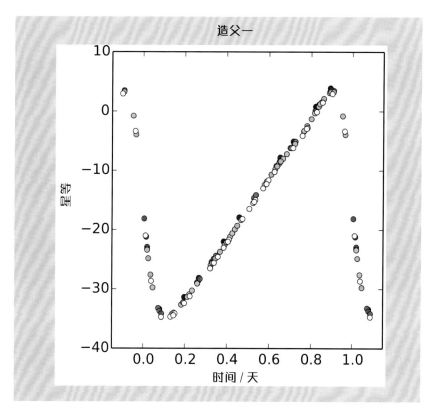

造父一光变曲线

48 时空弯曲

把时空想象成"弹力布"

地球围绕太阳运转，是因为引力的作用。但引力又是从哪里来的呢？爱因斯坦通过广义相对论对此做出了解释。他认为空间和时间彼此紧密关联，它们一起构成了一张名为"时空"的网，宇宙万物都在这张网上。

时空之网看不见、摸不着，需要充分运用我们的想象。我们可以将二维的空间想象成一张有弹力的桌布。当你把一个重球放在弹力布的中间时，它周围的布就发生了弯曲，这就是"时空弯曲"。这时，你让一个小弹珠滚到那个球附近，就会发现弹珠自己绕着中间的重球转起了圈，好像有一个力量牵扯着它的运动，这个力量就是引力。当然，无论是三维的空间，还是四维的时空，都已不再是简单的桌布，但是仍然可以进行数学上的抽象类比。

这就是爱因斯坦的相对论对引力本质的解释，物质的质量使时空发生了弯曲，而弯曲的时空又影响了物质的运动，引力就是时空弯曲的结果。二维的弹力桌布可以帮助你进行一些联想，真正的时空弯曲则需应用高等数学才能进行有效描述。

● 平面弯曲是什么？

如何从数学上定量地定义平面的弯曲呢？数学家们想出了这样一种办法：在一个平面上画出一个三角形，然后分别测量三个内角，如果三个内角之和为180度，那么这个平面就是平直的；如果三个内角之和大于180度，那么这个平面就属于球面弯曲；如果三个内角之和小于180度，这个平面就属于马鞍形弯曲。

质量引起时空弯曲（科学示意图）

在"宇宙——引力"展区，有"引力阱"互动展项。

上海天文馆"引力阱"互动展项

引力波

时空剧变的涟漪

如果我们将一个石块丢进池塘，水面就会泛起一圈水波，如果有两艘小船在水中绕转，复杂的涟漪也将不断向外传播。广义相对论指出，我们可以将时空想象成平静的水面，如果其中某处出现了剧烈的扰动，例如超新星爆炸，或是两个黑洞绕转，时空同样也会产生波动并向远处传播，这就是关于引力波的预言。

通常的天体活动产生的引力波极其微小，难以察觉，只有剧烈的天体爆发事件才可能激发出可以被检测到的引力波。但是这种剧烈扰动发生的机会非常之少，而且通常发生在十分遥远的地方，它们引发的引力波传到地球的时候也就极其微弱了。因此，爱因斯坦关于引力波的预言非常难以探测。

科学家们构想了多种方法来检测引力波，其中最具雄心的大型科学设备当数美国的激光干涉引力波天文台（简称 LIGO）。2016 年 2 月 11 日，关于引力波的预言提出整整 100 年之后，LIGO 的科学家终于捕捉到了几十亿光年之外两个黑洞绕转并合过程中产生的引力波，毫无争议地摘取了 2017 年诺贝尔物理学奖的桂冠。

● 引力波天文台

激光干涉仪引力波天文台是美国科学基金会建设的大型科研设备，两个长达4000米的金属长管组成 L 形结构，科学家们应用激光干涉法来测量两个垂直方向的长臂受到引力波

激光干涉仪引力波天文台

扰动之后发生的极细微形变。相距 3002 千米的利文斯顿和汉福德两地各建有一个激光干涉仪引力波天文台，以便互相进行比对。只有两个激光干涉仪引力波天文台同时获得了明确的信号，才能确定收到了来自宇宙深处的引力波。

在"宇宙——引力"展区，有关于"引力波"的展项。

上海天文馆"引力波"展项

50 宇宙
宇宙有多大？

　　"四方上下曰宇，古往今来曰宙"，中国古代对宇宙的看法暗合了当代宇宙学对宇宙的定义。宇宙就是时间和空间，以及其中所包含的一切物质和能量。我们的宇宙有限而无边，它在时间、空间和内含物质等方面都是有限的，但是由于时空弯曲，却不存在通常意义上的边界。

　　根据大爆炸宇宙学假说，宇宙起源于 138 亿年前的一次大爆炸。我们今天所能探测到的最远天体的距离超过了 138 亿光年。由于宇宙正在膨胀，实际上宇宙的半径大小可能已经超过 400 亿光年，但是有限的光速和宇宙年龄决定了我们不可能看到宇宙的全部，今天的观测实际上已经接近探测的极限了。

　　我们的宇宙有着丰富的结构，目前已知最小能被探测到的结构是氢原子；比日常生活尺度小的常见物质结构包括分子、细胞、微生物等；比日常生活尺度更大的空间结构则是行星、太阳、太阳系；更大的天体系统还包括星团、银河系、星系团，乃至宇宙大尺度结构。

● 宇宙大尺度结构

当前已知仍受引力影响的最大物质结构是超星系团，其尺度可达几亿光年。比这更大的尺度就是整个宇宙本身了，即宇宙大尺度结构。科学家们进行了大规模的星系巡天观测，分析的结果显示宇宙呈非常复杂的"泡沫网状"结构。几乎所有的星系都分布在狭窄的"纤维带"上，中间则是巨大的"空洞"。

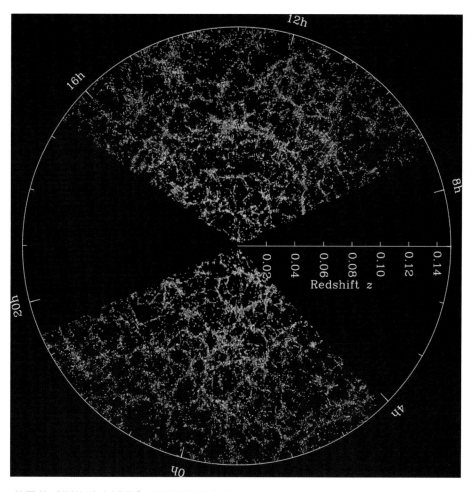

美国的"斯隆数字巡天"项目获得的宇宙大尺度结构

在"宇宙——时空"展区,有"宇宙大结构"展项。

上海天文馆"宇宙大结构"展项

哈勃定律
宇宙在膨胀

　　美国天文学家哈勃通过观测发现，除了少数一些邻近我们的星系之外，其他所有的星系都在远离我们，而且距离我们越远的星系，远离的速度越快，这一规律被称为"哈勃定律"。正是这一定律使科学家们确信：我们的宇宙正在膨胀。

　　我们可以用吹气球的方式来理解宇宙膨胀。用笔在气球表面画几十个黑点，把气球表面想象成宇宙，上面的黑点代表星系。当你吹气球时，就能看到气球上的黑点都在相互远离。而且，无论你想象自己站在哪一个黑点上，都会看到周围的黑点在离你远去，并且离你越远的黑点，远离的速度越快，这个规律就是哈勃定律。

　　实际情况与上述实验稍有区别。吹气球时，画在气球上的黑点也会变大，但实际上它所代表的星系却不会膨胀，这是因为引力会让整个天体集团保持原有的尺度不变，只有在比星系更大的空间尺度上，空间膨胀的作用超过了引力，才会出现明显的宇宙膨胀现象。

理解哈勃定律

5 cm 10 cm

20 cm

10 cm 20 cm

40 cm

● 宇宙加速膨胀

宇宙膨胀这件事已经令人难以想象，而科学家们后来发现，宇宙竟然还在加速膨胀！这就意味着宇宙中存在着一种神秘的、与引力作用正好相反的力量，正是这种力量推动着整个宇宙向外膨胀，甚至加速膨胀。科学家们至今不知道这种力量究竟是什么。目前它暂时被称为"暗能量"，这里的"暗"就是"未知"的意思。

在"宇宙——时空"展区，有"宇宙在膨胀"互动展项。

宇宙大爆炸

不是你想的那种爆炸

宇宙竟然在膨胀！既然如此，人们就可以想象，如果时光倒流，总有那么一个时刻，宇宙中所有的物质都聚集在一个密度无限大的小点上，宇宙就是从这个"奇点"演化出来的吗？

如此不可思议的假说当然没什么人相信，反对者讽刺道："宇宙就这么'砰'的一声巨响，便诞生了？"不料，"砰"（Bang）这个本来用于挖苦对手的象声词，后来竟然成了这个伟大猜想的代名词。遗憾的是，这个词被不恰当地译成了"宇宙大爆炸"，实际上它根本就不是一种爆炸。它的真实意思是：整个宇宙，也就是整个时空，是在很久以前某一时刻突然"砰"的一声从无到有，然后逐渐膨胀，演变成了如今的宇宙。千万别误解了。

这个看起来有些荒谬的"宇宙大爆炸"假说，最终却赢得了众多观测证据的支持。例如宇宙在膨胀、宇宙中主要元素的比例关系，以及整个宇宙中存在一种特殊的微波背景辐射等，众多观测事实都和理论预言相一致。虽然它仍然无法解释为何宇宙会从无到有地出现，但迄今为止，这仍然是宇宙起源的最佳解释，并得到了大多数科学家的认同。

● 宇宙微波背景辐射

20世纪60年代，天文学家首次发现，天空各处都存在着一种特殊的微波辐射，研究表明，这似乎意味着整个宇宙都在发出一种绝对温度3开尔文的热辐射。宇宙大爆炸学说可以有效地解释这个现象，研究者认为这个辐射是宇宙刚诞生时的极高温火球，在经过100多亿年的膨胀之后逐渐冷却下来的结果。

美国WMAP（威尔金森微波各向异性探测器）卫星获得的宇宙微波背景辐射图

在"宇宙——时空"展区有"宇宙大爆炸"科学示意图。

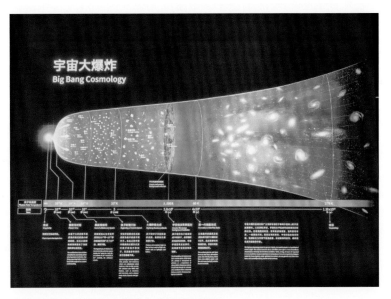

上海天文馆"宇宙大爆炸"科学示意图

53 光谱
解密星光

恒星的距离如此遥远，我们没办法接近它们，更不用说直接取样分析了。那么，我们是怎么知道恒星的温度，又是怎么知道它们是由什么物质组成的呢？

人类对所有天体奥秘的了解，几乎都来自对星光的光谱分析。最简单的光谱就是有时在雨后出现的美丽彩虹，那就是太阳光被展开成了多彩的光谱。使用三棱镜，你同样可以把太阳光转变成红、橙、黄、绿、蓝、靛、紫的七彩光谱。

科学家们使用高级的光谱仪，不仅可以获得遥远恒星的连续光谱，还能分辨出光谱中存在许多暗黑的线条，名为谱线。研究表明，恒星的温度不同，它展现出的光谱便也不同；恒星中含有的元素不同，光谱中各谱线的相对强度也会大不相同。此外，天体的运动还会导致谱线发生位移，从谱线位移的程度还可以推算天体的运动速度。因此，研究天体的光谱和其中的谱线，就像我们扫描商品的二维码一样，科学家们利用光谱就可以了解恒星的温度、物质组成和运动速度等各种信息。

● 红移与蓝移

在物理实验室里可以精确测定每一条谱线对应的波长，然而这些谱线有时会由于某种原因而出现波长变长或变短的现象。由于红光的波长较长，蓝光的波长较短，所以通常将谱线波长变长的现象称为"红移"，波长变短的现象称为"蓝移"。如果一个天体远离我们而去，其光谱就会出现红移；反之，如果天体迎向我们而来，就会出现蓝移。

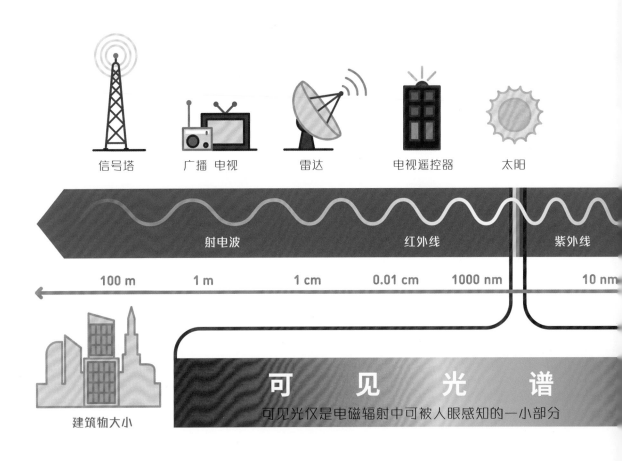

电磁辐射覆盖波段范围示意图

在"宇宙——光"展区，有"光谱密码"展项及"解码星光"展项。

上海天文馆"光谱密码"展项

X 光机　　　　放射性物质

线　　　　伽马射线

0.01 nm　　　0.0001 nm

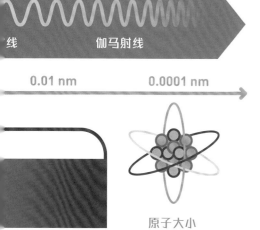

原子大小

54 大气窗口
地球大气之"过"

我们平时看到的各种光，都是眼睛能感受到的光，称为可见光。事实上，在可见光之外还有其他各种各样的光，例如紫外光、红外光、X射线、伽马射线等。它们无法被人眼所看见，但是有的动物却能感受到它们的存在，有些特殊仪器也能记录到它们发出的信号，例如红外线探测仪就能在黑暗环境中为你成像，地铁安检仪可以用X射线来扫描包裹等。

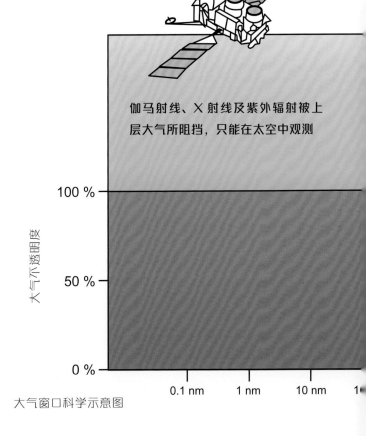

伽马射线、X射线及紫外辐射被上层大气所阻挡，只能在太空中观测

大气窗口科学示意图

　　宇宙中的天体能发出各种类型的光，从波长极短的伽马射线，到波长较长的射电波等，这些光因物理性质相同而被统称为电磁辐射。天体发出的各种光也包含不同的信息，天文学家必须全面探测各种电磁辐射，才能真正了解它们的奥秘。

　　然而，地球的大气层在保护我们的同时，却干了一件"坏事"，它把许多种类的光都挡在了外面，只给人类留了两扇窗口，那就是可见光窗口和射电窗口，天文学家在地面上只能获得天体发出的可见光和部分射电辐射。而要获得天体发出的其他种类的光，就需要花费高昂的代价，把望远镜送到太空中去进行观测了。

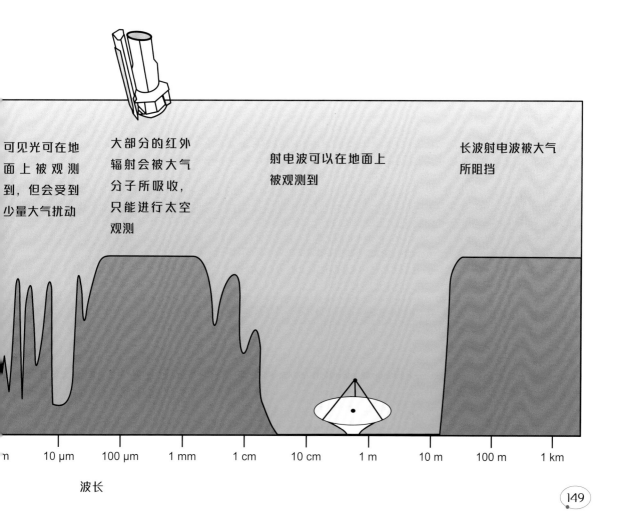

可见光可在地面上被观测到，但会受到少量大气扰动

大部分的红外辐射会被大气分子所吸收，只能进行太空观测

射电波可以在地面上被观测到

长波射电波被大气所阻挡

10 μm　　100 μm　　1 mm　　1 cm　　10 cm　　1 m　　10 m　　100 m　　1 km

波长

● 射电辐射

射电辐射或称射电波，其实就是日常生活中常见的无线电波，只是在天文学等领域中习惯将"无线电"称为"射电"。由于地球大气的阻拦，只有波长约 1 毫米到 30 米的天体射电辐射才能到达地面，因此大部分的射电天文研究都是针对这个波段的，著名的宇宙微波背景辐射中较强的部分就位于厘米波段。

在"宇宙——光"展区，有"身边的多波段光"展项。

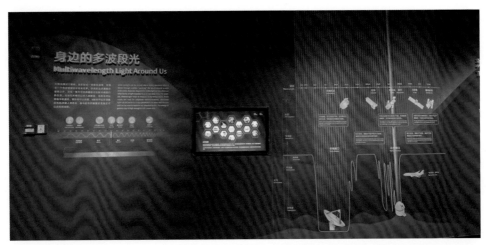

上海天文馆"身边的多波段光"展项

元素周期表

宇宙元素加工厂

　　学过化学的人一定都背诵过元素周期表，"氢氦锂铍硼、碳氮氧氟氖……"没学过化学的人可能也听说过一些常见的元素。但是你是否知道，这些元素和天上的元素有没有差别呢？它们又是怎么产生的呢？

　　今天，科学家们已经掌握了元素周期表上100多种元素的基本性质。其中的天然元素在天上也同样存在，地球上的元素和天体中的元素只有含量比例的不同，而不存在性质上的不同。如果有人告诉你，他手上有块奇石，其中含有一些地球上没有的元素，那他一定是个骗子！

　　有趣的是，元素周期表中所有的天然元素都产生自宇宙中的各种事件，整个宇宙就是一个巨大的"元素加工厂"。例如，宇宙诞生之初，最轻的氢元素和氦元素在神秘的大爆炸中产生。恒星出现之后，其核心的热核聚变反应以氢和氦为基础，不断生成了几十种较重的元素，然后在恒星演化的晚期被抛入太空。比铁更重的元素，如金、银等，则是在超新星爆发、中子星并合等剧烈的宇宙事件中产生的。

● 太阳不是第一代恒星

可以肯定地说，太阳不是宇宙诞生时的第一代恒星！这是因为在宇宙之初，除氢、氦之外的大部分元素都未形成，不可能在太阳中找到如此丰富的元素。第一代恒星在核反应的过程中产生了各种元素，恒星爆炸后将这些新元素抛到太空中，在这个已被"污染"了的云团之中诞生的第二代，甚至更晚的恒星，才有可能由今天我们常见的恒星元素组成。

在"宇宙——元素"展区，有"元素周期表"及"天上地下的元素"互动展项。

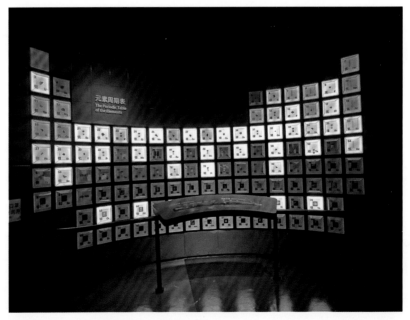

上海天文馆"元素周期表"互动展项

水熊虫
顽强的生命

生命比你想象的更顽强。地球上有很多十分极端的环境，例如极高温、极低温、高能辐射、极端酸碱性等，即便如此，也有一些独特的生命形态仍悄然生存。比如"地表最强生物"——水熊虫。

一般的动物如果缺水，健康就会严重受到影响，甚至死亡。然而，水熊虫在环境恶化时，却可以把体内的含水量降至极低，几乎停止所有的新陈代谢，进入隐生状态，以承受极端的生存条件。只要再次接触水，水熊虫就可以迅速舒展，恢复活力。

除此之外，我们在地球的各个角落都找到了一些在极端情况下仍能生存的生命，它们被称为"嗜极生物"，例如：零下70摄氏度的低温下仍可生存的一类灯蛾毛虫、生长在110摄氏度海底热液附近的延胡索酸火叶菌、万米深海中承受高压的海底生物……这些顽强的生命启迪人类去想象：高温高压的金星、充满甲烷的土卫六、冰封的土卫二上，是否有可能也有生命存在呢?

迷人的太空

◉ 生命的定义

生命是一种难以定义的现象，很难有一种定义能涵盖其所有特点。现代生物学一般认为，生命是一种能够生长发育的物质系统，具有新陈代谢、自我繁殖、遗传变异，以及能对外界刺激产生反应等特点。目前地球上各种生命的基本成分都含有碳元素，因此被称为碳基生物。不排除外星生命可能具有其他的物质特性，比如是硅基生命、硫基生命、氨基生命等，但是目前尚无先例。

水熊虫

在"宇宙——生命"展区，有"水熊虫"模型。

57 恐龙灭绝

宇宙级"杀手"

作为历史上最为庞大的动物之一，恐龙曾经在地球上统治了约1.6亿年。然而在6500万年前，这一"霸主"却神秘地突然灭绝了。围绕恐龙灭绝的原因，科学家们曾经提出了各种猜测，例如气候变迁说、地磁变化说、火山喷发说等。直到1980年，科学家们找到了可靠的证据，认为恐龙是亡于"天灾"。

一颗直径超过10千米的小行星冲向地球，撞击墨西哥的尤卡坦半岛之后，引发了山火、地震、海啸等自然灾害，激起的大量灰尘长时间遮蔽了阳光，造成了全球性的环境恶化，大部分动植物都遭遇了灭顶之灾，恐龙也不例外，从此退出了历史舞台。

地球生物史上类似的生物大灭绝曾经出现过至少5次，恐龙灭绝只是距离我们最近的一次，也是原因较为明确的一次大灭绝。此前还有几次大灭绝事件，我们尚未找到灾难根源，但是来自太空深处的各种天灾都具有潜在的可能性。除了小行星冲撞，还有超新星爆炸等突发宇宙事件造成的高能辐射、宇宙线等，它们都可能成为宇宙级"杀手"。

● 五次生物大灭绝

五次生物大灭绝是指奥陶纪末大灭绝（约4.4亿年前）、泥盆纪末大灭绝（约3.67亿年前）、二叠纪末大灭绝（约2.5亿年前，史上最严重的一次灭绝事件）、三叠纪末大灭绝（约2.08亿年前）、白垩纪末大灭绝（约6500万年前，恐龙就是这一次大灭绝的主角）。

恐龙灭绝

在"宇宙——生命"展区，有"恐龙"模型及多媒体影片。

系外行星
其他恒星也有行星吗？

太阳拥有八大行星，那么其他恒星的周围是否也有行星呢？科学家早就坚信太阳系之外一定也有行星存在，并称其为系外行星。然而，寻找系外行星却是一项看似不可能完成的任务，因为恒星距离我们极其遥远，即使在最强大的望远镜视野中也只是一个小点，更不用说那些比恒星小得多，更暗得多的行星了。

尽管困难重重，聪明的天文学家最终还是巧妙地找到了探索系外行星的有效办法，如视向速度法、掩星法等。1995年，第一颗围绕恒星运转的系外行星被发现了，它被命名为飞马座51b。这颗行星距离地球大约50光年，是一颗类似木星的巨大气态行星。

飞马座51b的发现，开创了系外行星搜寻和研究的新时代，科学家们不断发明更为高明的探索方法，发现新的行星。截至2023年初，累计发现了5000多颗系外行星，它们形态各异，性质各不相同，大大丰富了我们对行星的理解，也为探索地外生命提供了新的机会。

视向速度法

要在遥远恒星的耀眼光芒中寻找暗弱的行星，似乎完全没有可能。但是科学家们找到了一个巧妙的办法，那就是利用恒星和行星的相互引力作用。行星的引力会使恒星的运

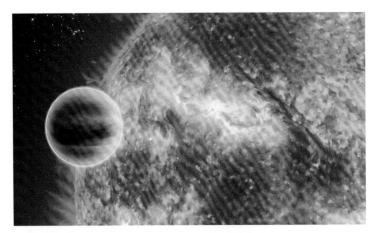

飞马座 51b 与其母星的大小对比（艺术想象图）

动发生微小的摆动，这种摆动又会引起恒星光谱出现周期性的红移和蓝移，使用精密的光谱仪就可以测出恒星在视线方向上的速度变化，从而推算出周围行星的信息。

在"宇宙——生命"展区，有"系外行星探索"互动展项。

上海天文馆"系外行星探索——寻找系外行星的方法"互动展项

宜居带
寻找系外家园

自古以来，人们都在思考一个问题：地球是宇宙中唯一存在生命体的星球吗？科学家们一直都在不懈地寻找地外生命。自从系外行星被发现以来，人类对地外生命的探索范围更加扩大，我们的目光已不再局限于太阳系。

我们已发现了数千颗系外行星，然而并非所有行星都适宜生命的发展。科学家们确定了一些用于判断某颗星球"是否适宜生命生存"的判据，以提高寻找地外生命的效率。对生命而言，液态水是不可缺少的必要因素。为此，科学家们计算出了每颗恒星周围多大范围内的行星上可能存在液态水，这个距离范围被称为"宜居带"。比如地球就位于太阳的宜居带范围内。

宜居带之外的行星，要么太热，要么太冷，都不太可能有生命存在。当然，宜居带里的天体不一定就有生命存在，宜居带外的天体也并非绝对不可能有生命。划定宜居带，只是表明这些目标更值得我们集中精力去做进一步的探索，有助于提高寻找系外家园的效率。

宜居带

地球 2.0

地球 2.0 是指位于类日恒星的宜居带内的类地行星。科学家们已经确认发现了 5000
多颗系外行星，且通过开普勒太空望远镜在这些行星中发现了一些围绕着小型红矮星运
转的类地岩石天体，但仍然没有找到一颗完全符合"地球 2.0"定义的行星。中国科学

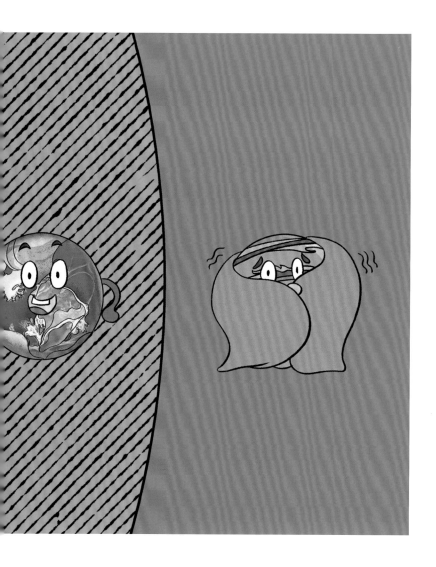

院近期提出了"地球2.0"的空间望远镜计划，希望获得比开普勒和苔丝太空望远镜更多、更好的观测结果。

在"宇宙——生命"展区，有"宜居带"互动展项。

60

埃拉托色尼
首次测量地球周长

现在我们都知道，地球是个巨大的球体。但是在古代，只有少数有学问的人明白这件事。他们进而还想知道，地球到底有多大呢？或者说，地球的周长究竟是多少呢？这可不是一件容易的事，因为地球太大了，谁也没有办法真正去绕着地球走一圈。直到聪明的埃拉托色尼想到了一个巧妙的办法。

埃拉托色尼（约前276—前194）是古希腊著名的学者，曾任亚历山大图书馆的馆长。他注意到，夏至那一天的正午，太阳正好位于阿斯旺的天顶。而同一个时间，亚历山大的阳光却是斜射的。于是，他实际测量了亚历山大一个方尖碑投下的影子的长度，算出太阳此时正位于天顶以南7度，这就意味着这两个城市正午时分阳光入射的角度之差就是7度。根据几何关系，一个圆周是360度，那么这两个城市的距离就应该是整个地球周长的7/360。

知道这个比例关系之后，埃拉托色尼又从长途旅行的商队那里知道了这两个城市间的实际距离，从而推算出地球的周长在3.9万千米到4.7万千米之间，这已经非常接近于今天的准确测量值，即约 4 万千米了。

◉ 地球是球形的

古人普遍都认为地球是平的，但是古希腊已有少数哲学家推测地球可能是球形的，亚里士多德首先总结出可以证明地球是球形的三个证据：首先，旅行者越往北走，北极星越高；越往南走，北极星越低，而

埃拉托色尼

且可以看到一些在北方看不到的全新的星星。其次，远航的船只总是先露出桅杆顶，然后才慢慢露出整个船身。最后，在月食的时候，地球投到月球上的形状为圆形。

在"征程——星河"展区，有"测量地球周长"视频展项。

上海天文馆"测量地球周长"视频展项

61 依巴谷
伟大的古代星表

天上的星星数不清，怎样才能有效地了解每一颗星星的基本信息呢？这就需要一份载有每一颗星星的精确位置和亮度的星表。许多国家在古代都编制出了各自的星表，例如中国战国时期著名的《甘石星经》。在古希腊，流传下来最接近现代科学标准的星图便要首推伟大的依巴谷星表。

依巴谷（约前190—前125）是古希腊著名的天文学家，所编撰的星表是他在天文学上最重要的贡献之一。星表中囊括了850颗恒星的精确位置和亮度。为了能够定量地表达星星的亮度差别，依巴谷制定了沿用至今的星等系统；为了科学地表达每颗星星的位置，在那时，他就应用了现代星表中至今仍通用的经纬坐标系统。

依巴谷精通数学和天文学。在数学方面，他被认为是三角学和球面三角学的奠基人。在天文学领域，他还进行天文观测，发现了"岁差"现象，精确地算出了一年的长度和一个月相循环的周期。他还首次发现地球公转轨道是不均匀的，夏至时地球离太阳较远，冬至时地球离太阳较近。

● 当代依巴谷星表

为了纪念依巴谷在天文学上的重要贡献，当代天文学家发射了一颗专门进行全天恒星高精度位置测量的卫星，并将它命名为"依巴谷卫星"。采用这颗卫星的数据所编算的星表被称为《依巴谷星表》，其中包含了近 12 万颗恒星的极高精度位置测量值和其他相关的天文信息，是当代天文学研究方面最重要的一份星表。

依巴谷卫星

62 托勒密
传承千年的地心说

　　所谓地心说，就是认为地球位于宇宙的中心静止不动，所有天上的东西都在围绕地球转动的宇宙观。我们今天都已知道，这是地球自转造成的假象。但是几乎所有的古人都认为地球位于宇宙的中心，而且觉得这是天经地义的事。早在古希腊时期，就有许多哲学家提出了各具特色的地心说理论，但是地心说真正成为一个经典的宇宙结构体系，还得归功于数学高手托勒密。

　　托勒密（约90—168）是一位生活在埃及的罗马数学家、天文学家和地理学家。托勒密也认为地球位于宇宙的中心，外面有7个运行轨道分别对应日、月和当时已知的五大行星。为了能够描述每一个天体在星空中的复杂运动，他构想了一个独特的运动理论，认为每个天体的运动都由一个名为"本轮"的小圆轨道和一个名为"均轮"的大圆轨道组合而成。这一套复杂的数学体系做出的预测和实际观测的结果非常一致。

　　托勒密的地心说被当时的学者所推崇，成为描绘宇宙结构的经典理论，流传了约1500年，直到后来被哥白尼的日心说理论所推翻。

● 托勒密三大著作

托勒密著有许多科学著作，其中有三部对世界科学的发展影响巨大。第一部是《天文学大成》，又名《至大论》，著名的托勒密地心说就见于此书。第二部是《地理学指南》，一部探讨希腊罗马地区地理知识的经典著作。第三部是有关占星学的《占星四书》，书中尝试改进占星术中绘制星图的方法，以便融入当时亚里士多德的自然哲学。

上海天文馆展出的托勒密《天文学大成》

在"征程——星河"展区，展出了托勒密的《天文学大成》一书。

63

张衡

浑天说和浑天仪

中国古代关于宇宙结构的学说主要有浑天说、盖天说和宣夜说三种，其中浑天说是当时最主流，也最符合观测现象的学说。

张衡（78—139）是东汉天文学家、数学家和文学家。张衡曾担任汉朝的太史令，相当于国家天文台台长，他是2000年前最为清晰地表达了"浑天说"这一宇宙观的天文学家。张衡认为天是球状的，如果把它想象成一个鸡蛋，那么天相当于蛋壳，大地相当于蛋黄，天把大地包在当中。

为了演示他的宇宙观，张衡制造了一种用水力驱动的漏水转浑天仪。这是一个铜铸空心球体，表面画有各种星官，并标出了黄道和赤道。整个天球一半露在地平圈之上，另一半隐藏在地平圈之下。仪器上装配有两个漏壶，壶底有孔，用滴水来推动整个仪器慢慢转动，模拟星星的东升西降。更妙的是它的台阶下还暗藏机关，装配了与盛水壶相连的瑞轮和蓂荚（蓂荚是一种传说的植物），靠着滴水带动瑞轮蓂荚，根据月亮圆缺的变化，不停地旋转开合，表示着各种月相。这台浑天仪十分精巧，可惜没能保存下来。

● 月食的原理

张衡一生成就不凡，对天文学发展的贡献尤其巨大，除了阐述浑天说和制作浑天仪，他还明确指出，月球是因为反射了太阳光才能被我们看见，还有发生月食的原因是地球的影子遮蔽了月球。他还重新绘制了拥有 2500 颗恒星的星图，测量了日、月的视直径，以及对 5 个目视可见的行星的视运动规律进行了研究。

紫金山天文台的明代浑天仪

在"中华问天——观象授时"展区，有"浑天仪"模型。

哥白尼
复活日心说

很多人都听说过哥白尼创立日心说，然而，实际上最早提出日心说的并不是他，而是古希腊的阿里斯塔克。他通过巧妙的推算指出，太阳比地球大得多，应该是地球绕太阳运转才更合理。可惜在那个时代，几乎所有人都认为地球是宇宙的中心，想象地球绕着其他天体运动，对人们来说是一件不可思议的事。

地心说长期以来都被视为真理。直到1543年，哥白尼的《天体运行论》横空出世，日心说再次现身。哥白尼（1473—1543）是文艺复兴时期的波兰数学家、天文学家，他通过长期的观测和思考，提出了以太阳为中心的新宇宙观。他论证了地心说的错误，并用他的数学体系完整地表达了新的日心说理论，他对天体运动的解释不仅简洁清晰，而且更符合实际的观测。

哥白尼的日心说抛弃了地球静止不动且位于宇宙中心的传统观念，在宇宙观上引起了决定性的变革，也因此遭遇了强大的抵制。后来经过伽利略、开普勒、牛顿等科学家不懈的努力，日心说自身也不断发展完善，才最终推翻了地心说，成为后世一致认可的新宇宙观。

● 哥白尼竟然是神父!

哥白尼出生于波兰,曾在意大利求学,后来回到波兰,长期在弗洛恩堡教堂担任神父。他在工作之余从事天文观测和研究,并创立了日心说。正是担心这一新思想不符合传统宗教教义,他一直到临终之前才发表了《天体运行论》一书,后来却还是被教廷列为禁书。即便如此,它仍然引发了一次伟大的科学革命,使人类的宇宙观发生了一次飞越。

哥白尼

在"征程——星河"展区,有关于日心说与地心说对比分析的互动装置。

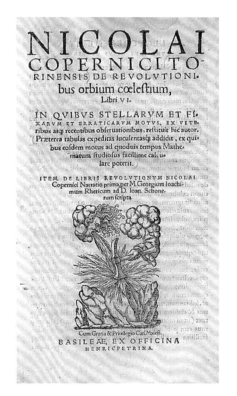

《天体运行论》(第二版)

郭守敬
不简单的简仪

郭守敬（1231—1316）是元朝著名的天文学家和水利专家。他在天文学上的重要贡献是主持制定了《授时历》，这一历法在"四海测验"的基础上完成，而该测验是一次全国性的大规模、高精度的测验，这使得《授时历》成为当时世界上最先进的历法。在该历法中，一个回归年的长度为365.2425日，与现在公历采用的值几乎完全一致。

郭守敬另一项传世贡献是设计制作了众多天文观测仪器，例如著名的简仪、仰仪、高表、景符等，这些仪器大多具有设计巧妙、制造精密、使用方便的特点，达到了中国古代天文仪器制作的一个高峰。

其中最重要的一个仪器就是简仪。中国传统使用的天文观测仪器是浑天仪，由地平圈、赤道圈、黄道圈等多个圈环套在一起使用，结构繁复，而且在观测时会互相遮挡。郭守敬创造性地将其拆分为赤道经纬仪和地平经纬仪两个独立装置，不仅在结构和使用上更为简单，最重要的是让整个天空一览无余，大大提高了观测精度。所以，简仪并不仅仅有"简单"这一个特点，还是当时世界上最先进的天文观测设备。

● 永垂史册，太空留名

为了纪念郭守敬的贡献，国际天文学联合会将月球上的一座环形山命名为"郭守敬环形山"，国际小行星中心将 2012 号小行星命名为"郭守敬小行星"。中国科学院国家天文台也将当代中国最大型的光学天文望远镜（LAMOST）命名为"郭守敬天文望远镜"，参考郭守敬在天文仪器制作上的成就，可谓实至名归。

郭守敬

在"中华问天——观象授时"展区，有"简仪"模型。

上海天文馆"简仪"模型

66 第谷

目视天文观测的大师

第谷·布拉赫（1546—1601）是丹麦著名天文学家。1572年，第谷于仙后座中发现了一颗超新星，他打破成见，首先论证了那是以前从未出现过的全新天体。这颗星后来被称为"第谷超新星"，第谷也因此声名鹊起。

1576年，第谷受到丹麦国王腓特烈二世的邀请，在丹麦与瑞典间的文岛建造了"天堡"天文台。他在这里设置了四个观象台，配备了齐全的天文观测仪器，例如巨大的象限仪、高精度的赤道经纬仪等。第谷在这里工作了20多年，取得了一系列重要成果。根据他1577年对2颗明亮彗星的观测，他总结出彗星也是一种天体，且运行轨道远于月球许多倍。第谷的探索对人们正确认识天文现象产生了很大影响。

精良的观测仪器和长期的勤勉观测使得第谷的天文观测精度远远超过了他同时代的其他人。在望远镜发明之前，第谷的天文观测在目视天文观测时代达到了顶峰。后来，德国天文学家开普勒前来合作，在第谷去世后继承了他的全部观测资料。也正是通过对第谷的高精度行星观测资料的分析和研究，开普勒才提出了著名的行星运动三大定律。

EFFIGIES TYCHONIS BRAHE O.F.
ÆDIFICII ET INSTRUMENTORVM
ASTRONOMICORVM STRVCTORIS
AÑ DOMINI 1587 ÆTATIS SVÆ 40

第谷的象眼仪

● 地心说和日心说的杂糅

第谷出版专著《论彗星》，提出了一种介于地心说与日心说之间的理论。他仍然坚定地认为地球是静止的，也是宇宙的中心，但同时他也认为太阳具有特殊的地位，其他行星都围绕太阳进行圆周运动，然后太阳再带领着它们一起围绕地球进行圆周运动。有趣的是，明末清初，西方现代科学刚刚传入中国的时候，传教士们为我国学者推荐介绍的就是第谷的宇宙体系。

上海天文馆展出的第谷原版著作

在"征程——星河"展区，展出了第谷原版著作。

伽利略
第一次用望远镜看星空

　　天文望远镜的设计与使用是天文学史上一件划时代的大事，通常被认为标志着现代天文学的开始。第一个天文望远镜的使用者就是伽利略（1564—1642），意大利天文学家、物理学家。他在物理学上的贡献随处可见，例如速度和加速度、重力和自由落体、惯性原理等。他在天文学上同样也做出了许多伟大的贡献。

　　伽利略并不是望远镜的发明者，却是用望远镜观测天空并获得重大发现的第一人。他使用一台口径只有4.2厘米的小望远镜望向夜空，观察并记录下了那个时代最惊人的发现。他看到了凹凸不平的月亮表面，太阳表面竟然有黑子，金星像月亮一样也会有阴晴圆缺，木星有4颗卫星，还发现了银河其实是由无数颗星星组成的。

　　从此以后，人类观察宇宙的视野被彻底改变了。人类研究宇宙的方法从裸眼目视变为望远镜观测，方向也由仅仅观察天体的运行规律转变为探究更多更暗天体的物理本质，天文学从此进入了一个全新的时代。

● 伽利略受审

伽利略是哥白尼日心说的坚定支持者，但是当时的人们普遍相信地心说，天主教教义尤其不能接受地球并非宇宙中心的观点，因此，罗马宗教裁判所于 1633 年判定伽利略的观点属于"异端"，将其终生软禁在家。根据一些传闻，年事已高的伽利略在被迫宣布放弃日心说理论时，曾经低声喃喃道："但是，地球它依然在转啊。"

伽利略

在"征程——星河"展区，展出了伽利略的第一台望远镜（高仿真复制品）。

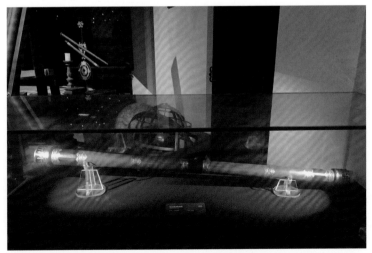

上海天文馆伽利略第一台望远镜（高仿真复制品）

68

开普勒
为行星运动立法

哥白尼提出的日心说仍然保留了传统圆形轨道的概念，并由此推算出行星在夜空中的运动轨迹。在那个观测精度较为粗糙的时代，推算出的数据与观测数据还是较符合的。然而随着观测精度的不断提高，到了第谷时代，推算出的数据与观测数据区别便大了起来。那么，如何解决这个问题呢？开普勒接过了这个接力棒。

开普勒（1571—1630）是德国著名的天文学家、数学家，也是哥白尼日心说的坚定支持者，后来成为第谷的观测助手，因此有幸在其去世之后，获得了第谷长达20年对行星，特别是火星的观测数据。经过大量艰苦的计算和天才般的思考，开普勒打破了传统的思维，准确地总结出了行星运动三个重要的经验规律，分别简称为椭圆定律、面积定律和调和定律。

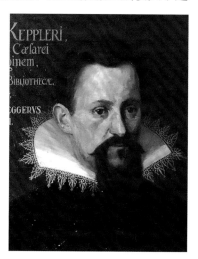

开普勒

迷人的太空

第一定律：椭圆定律

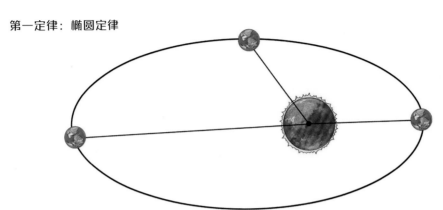

行星绕太阳的运动轨道是椭圆，太阳位于椭圆的焦点上。

第二定律：面积定律

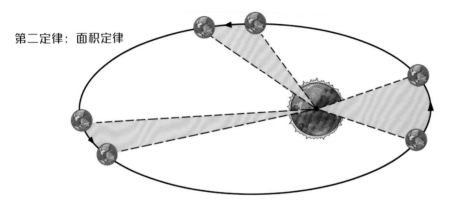

行星在相等时间里扫过的面积（黄色部分）是相等的。

第三定律：调和定律

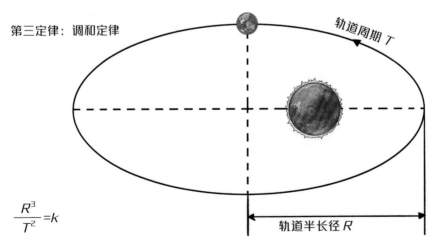

$$\frac{R^3}{T^2}=k$$

行星轨道半径的三次方与公转周期的二次方的比值都相等，为常数 k。

开普勒三大定律

开普勒三大运动定律第一次正确地描述了太阳系各大行星的基本运动规律，特别是第一次引入了椭圆轨道，彻底颠覆了传统固有的圆形轨道观念，因此被视为天文学上的又一次革命，开普勒也被誉为"天空立法者"。

● 开普勒望远镜

开普勒在光学领域也颇有研究，他改进了伽利略望远镜的光学设计，将原来的目镜从凹透镜改成了凸透镜，后来这成为折射式望远镜的一种常用设计。为了纪念开普勒的贡献，美国国家航空和航天局（NASA）将一台2009年发射升空的空间望远镜命名为"开普勒望远镜"，它不辱先贤的光辉，同样取得了伟大的成果，发现了数千颗太阳系之外的行星。

在"征程——星河"展区，有"开普勒为天空立法"展项。

69

徐光启
中国人睁眼看世界

徐光启（1562—1633）是明朝末年一位杰出的人才，晚年官至礼部尚书兼东阁大学士，他在天文学、数学、农学、水利，甚至军事领域都有重大贡献。在那个"只知中华，不知世界"的保守时代，徐光启客观地看待世界形势，热心地学习西方科技，因此成为朝廷百官中"睁眼看世界"的第一人，被后人称为中国的"科学先驱"。

徐光启与意大利传教士利玛窦等人结为好友，悉心学习西方科学知识，他们合作翻译了西方数学名著《几何原本》《测量法义》等书，第一次将中国人从未听说过的科学概念引入中国，所翻译的诸多几何学名词沿用至今，影响深远。

在学习西方科技的基础上，徐光启还受皇帝委托，主持了一次重大历法改编，编撰完成了《崇祯历书》，这本书在中国历法史上第一次引入了最新的天文学概念，采用西方科学方法来进行历法推算。《崇祯历书》成为中国古代天文学向现代天文学转型的重要一环，也为中国古代天文学的发展留下了一份宝贵的遗产。

● 上海奇才徐光启

徐光启是松江府上海县人,上海徐家汇便是以他的姓命名的。徐光启性格耿直,在仕途上多受打击,直到晚年才成为朝廷命官。他在天文学、数学、农学、水利,甚至军事等领域都做出了出色的贡献,堪称全才和奇才。在他留给后世的众多著作中,除了著名的《崇祯历书》和《几何原本》,还有农业著作《农政全书》、军事著作《徐氏庖言》和水利著作《泰西水法》等。

徐光启(右)与利玛窦(左)

在"中华问天——西学东渐"展区,有与徐光启相关的展项。

牛顿
万有引力一统天下

开普勒从观测数据中总结出了行星运动三大定律，但未能解答行星为何会有这样的运动规律。这个洞察行星运动规律本质的任务最终由英国最伟大的科学家牛顿所完成。

牛顿（1643—1727）是英国著名的物理学家、数学家，曾任英国皇家学会会长。1687年，影响历史发展的科学巨著《自然哲学的数学原理》面世，牛顿在这本书中详细阐述了三大基本力学定律，并提出一切物体之间均存在引力，同时给出了数学计算方法和具体的应用。这个定律名为"万有引力定律"，它统一了宇宙和地球上的各种物理规律，解释了宇宙中从苹果到星系的各种运动，使人类对自然的认识跃升到了前所未有的高度。

牛顿也是一位伟大的数学家，他所开创的微积分方法成为高等数学分析的基本方法，为近代科学的发展奠定了坚实的基础。牛顿对光学也进行了深入的研究，提出了三棱镜可将白光分解为七彩光谱的颜色理论，出版了专著《光学》一书，其中阐述了他对光学理论的诸多见解，还提出了光的微粒说理论。

● 牛顿反射式望远镜

牛顿根据自己对光学理论的见解，独辟蹊径地发明了第一台反射式望远镜，直径 6 英寸（15 厘米），并在 1671 年首次向皇家天文学会进行了展示。这种望远镜成功地避免了折射望远镜难以克服的色差问题，后来成为大型天文望远镜的主要形式。

牛顿

上海天文馆展出的牛顿《自然哲学的数学原理》和《光学》原著

在"征程——星河"展区，展出了牛顿部分的原版著作，以及牛顿第一台反射式望远镜的高仿真品。

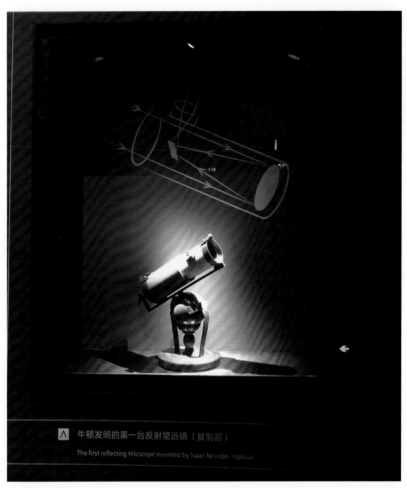

上海天文馆牛顿反射式望远镜

赫歇尔

磨镜狂人三大发现

很少有人能像赫歇尔这样，一人拥有三项具有"历史第一"称谓的伟大发现。赫歇尔（1738—1822）喜爱磨制镜片，拥有众多优良的天文望远镜，他也喜爱用望远镜来观测星空，是英国最伟大的天文学家之一。

1781年，赫歇尔取得了突破性成就，他发现了天王星！这是人类历史上第一次用望远镜发现在自古已知、肉眼可见的五大行星之外，太阳系更远的天体的存在。人类的眼界自此大大扩展，赫歇尔也因这个发现成了皇家天文学家。

赫歇尔用望远镜对大量天体进行了观察他用观测数据统计分析了全天约11万颗恒星的分布情况，第一次描绘了银河系的形状。他所描绘的银河系，成为银河系天文学的奠基之作。赫歇尔也因此被誉为"恒星天文学之父"。

赫歇尔的另一项伟大发现，是他在针对太阳光的研究中首次发现了红外辐射，这也是人类第一次在可见光之外发现新的辐射现象。这项发现再次打开了人们的眼界，同样彪炳史册。

● 音乐家与磨镜狂人

赫歇尔的早年职业竟然是音乐家！他既擅长演奏，也擅长编写乐曲。更不可思议的是，赫歇尔在天文学中成就的基础竟然是他疯狂的磨镜能力。赫歇尔擅长磨制镜片，据说他一辈子磨制了 400 多个镜片。直径 1.2 米的代表作"赫歇尔大炮"曾是当时世界上最大的望远镜。正是因为拥有了观测的利器，他做出了重要的天文发现，从此变身为专业的皇家天文学家。

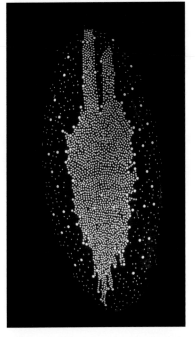

上海天文馆第一幅银河系画像艺术品

上海天文馆"赫歇尔大炮"缩小版模型

在"征程——星河"展区，有"赫歇尔大炮"缩小版模型和展现第一幅银河系画像的艺术品。

哈勃
望远镜观测大师

宇宙竟然在膨胀！这是千古以来谁都不敢想象的。然而，美国天文学家哈勃在1929年用过硬的观测数据证明了这个疯狂的想法。

哈勃（1889—1953）是美国著名的天文学家，他是那个时代的观测大师，使用的是当时世界上最大的望远镜，威尔逊山上直径2.54米的胡克望远镜。哈勃在仙女座星云中找到了12颗造父变星，并据此算出了其距离，证明了仙女座星系是一个远在银河系之外的星系，这是人类第一次认识到银河系之外还有其他星系。

然而，哈勃在当代宇宙学中最伟大的贡献，还是他用观测数据证明了大多数星系都存在红移现象，这说明它们都在远离我们，而且远去的速度与星系跟我们的距离成正比。这个规律后来被命名为"哈勃定律"。这一发现为宇宙大爆炸理论提供了直接证据。为纪念哈勃，美国国家航空和航天局以他的名字命名了一台大型空间望远镜——哈勃空间望远镜。这台望远镜也不辱其名，它超过30年的工作业绩几乎涉猎了天文学家们的所有研究领域，极大地拓展了人类的视野。

● 爱因斯坦拜访哈勃

有趣的是，关于宇宙膨胀的理论预言正是来自爱因斯坦的广义相对论，然而爱因斯坦本人对此也是难以相信，为了避免这个预言，他甚至在公式中人为地引入了一个"宇宙学常数"。没想到哈勃的观测结果竟然证实了宇宙膨胀的预言。为此，爱因斯坦曾亲自前往威尔逊山天文台拜访哈勃，经过讨论交流，他承认了宇宙在膨胀的事实。

哈勃

在"征程——星河"展区有"威尔逊之巅"展项，用照片和视频再现了爱因斯坦和哈勃在威尔逊山天文台见面的场景。

爱因斯坦

相对论与现代宇宙学

阿尔伯特·爱因斯坦（1879—1955），德裔美国人，被誉为20世纪最伟大的物理学家，他以一人之力和天才般的思维创立了狭义相对论和广义相对论，并将其应用于宇宙学的研究，奠定了现代宇宙学的理论基础。

爱因斯坦在思考光的运动规律时，发现描述电磁波现象的理论与牛顿经典力学定律之间存在难以调和的矛盾。他在1905年发表的一篇论文中，跳出了经典力学的思维框架，提出了"光速不变"和"相对性原理"这两个基本假设，推导出物质在接近光速时所具有的独特运动规律。这一理论被称为"狭义相对论"。

在1915年发表的论文中，爱因斯坦又提出了一种将引力理论与相对论相结合的全新理论，名为"广义相对论"。这一理论非同寻常地指出，时间和空间是不可分割的，且它们一起形成一个名为"时空"的整体结构。根据这一理论，万有引力实际上是源自质量所造成的时空弯曲。广义相对论非常复杂，但它的基本理论可以应用于宇宙整体结构及其演化的研究，确立了现代宇宙学的基本框架。

● 爱因斯坦奇迹年

　　1905 年堪称奇迹之年，爱因斯坦刚刚获得苏黎世大学物理学博士学位，竟然就在一年时间里先后发表了 4 篇影响科学发展的重量级论文：1. 用光量子假设成功解释了光电效应，并因此获得 1921 年诺贝尔奖；2. 通过研究运动物体的电动力学，创立了狭义相对论；3. 研究分子的布朗运动，成为统计物理学的经典案例；4. 提出质能等价定律，为核物理学奠定了基础。

爱因斯坦

　　在"征程——星河"展区，展示了爱因斯坦的科学论文。

太空狗莱卡
动物中的宇航先驱

在第一颗绕地球飞行的斯普特尼克 1 号卫星成功发射之后仅仅 1 个月,苏联的科学家们便紧锣密鼓地筹备将第二颗人造卫星斯普特尼克 2 号送入太空。但与 1 号卫星不同的是,这次同行的还有一只可爱的狗狗,她就是历史上最著名的太空狗——莱卡。

莱卡并没有显赫的身世,她只是莫斯科街头一只平平无奇的流浪狗。太空的环境无比恶劣,于是,在众多备选的犬类里,流浪狗成了科学家们的最佳选择,它们强壮有力,甚至能适应莫斯科冬季夜晚零下 20 摄氏度的艰苦环境。经过专业的生存训练,莱卡就拿着一张"单程票"踏上了她的太空之旅。遗憾的是,这次太空舱的设备并不足以让她安然返航,莱卡在进入太空后几小时就不幸身亡了。她的太空旅程虽然很短暂,但为人类的载人飞行之路铺平了道路。

在人类航天史上,像莱卡这样进入太空,帮助人类进行各种科学实验,甚至做出牺牲的动物还有很多,它们都是太空探索史上伟大的先驱。

● 斯普特尼克1号

1957年10月4日，苏联成功将人类历史上第一颗人造卫星斯普特尼克1号（意为1号卫星）送入了地球轨道，这是人类首次将人造卫星送入行星轨道。斯普特尼克1号的发射轰动了世界，也引发了美苏之间长时期的航天竞争，促进了世界航天事业的发展。1958年初，斯普特尼克1号失去动力，脱离其工作轨道并坠入大气层。

太空狗莱卡

在"征程——飞天"展区可以找到太空狗莱卡的模型。

加加林
太空第一人

　　加加林（1934—1968），苏联飞行员和航天员，他的名字永远镌刻在人类航天史上。加加林是第一位进入太空的人，名副其实的"太空第一人"。

　　1961年4月12日，莫斯科时间9点7分，人类开启了进入太空探索浩瀚宇宙的新篇章，年仅27岁的苏联宇航员加加林，带着全人类的使命腾空而起。他曾是一位专业的歼击机驾驶员，然而，这次他要驾驶的并不是一台普通的战斗机，而是人类第一艘载人飞船东方1号。加加林是一位心理素质极为稳定的专业宇航员，即使在出发前，他的心跳仍平稳地保持每分钟64次。相反，火箭的总设计师科罗廖夫却紧张得很，他彻夜未眠，还吃了一颗治疗心脏病的药。

　　火箭轰鸣仅几分钟后，加加林乘坐东方1号进入了太空。他太激动了，第一次通过太空舱的窗口欣赏太空景色，他亲眼看到了，那个美丽的地球居然是蓝色的！加加林绕地球飞行了108分钟，10点55分，他安全地返回了地球家园。

加加林坐在东方 1 号上

● 美国和中国的"太空第一人"

　　紧随苏联之后，美国人也加紧了载人航天的步伐。1961 年 5 月 5 日，谢泼德乘坐自由 7 号载人飞船升空，进行了 15 分钟的飞行，成为第一位在太空飞行的美国人，也是全世界第二位进入太空的宇航员。2003 年 10 月 15 日，中国宇航员杨利伟乘神舟 5 号飞船首次进入太空，成为中国的"太空第一人"，中国也因此成为世界上第三个实现载人太空飞行的国家。

东方 1 号

　　在"征程——飞天"展区的"进入太空"展项，可以找到包括加加林在内的众多太空英雄。

199

阿姆斯特朗

登月第一步

你能想象人类在月球上漫步吗？也许你会觉得这很正常。然而，仅60年前，这个想法还真就像做梦一样。更不可思议的是，这个梦想竟然真的实现了！

1969年7月16日，巨无霸一般的土星5号火箭在美国肯尼迪角发射升空，将美国国家航空和航天局的阿波罗11号飞船、三位宇航员和人类的好奇心共同推向了月球。美国东部时间7月20日20点17分，指令长阿姆斯特朗与登月舱驾驶员奥尔德林乘登月舱在月球表面成功着陆。7月21日凌晨2点56分，指令长阿姆斯特朗小心翼翼地踏上了月球表面。他实现了人类登月漫步的梦想，还说出了一句震撼人心的话："这是一个人的一小步，却是人类的一大步。"

阿姆斯特朗和奥尔德林在月表一共停留了21小时36分，进行了多项科学考察活动。在这期间，指令舱驾驶员科林斯独自操纵哥伦比亚号指令舱绕月飞行，他们共同为人类首次踏足其他星球写下了壮丽的篇章。7月24日，三位登月英雄平安返回地球家园。

● 阿波罗计划

　　美国的登月计划名为"阿波罗计划"，从 1961 年的阿波罗 1 号开始，至 1972 年的阿波罗 17 号结束，一共将 6 批共 12 位宇航员送上了月面，取得了丰富的科学考察成果，累计取回 382 千克的月球岩石样本。阿波罗计划也曾经历过严重的危机，甚至付出了生命的代价，阿波罗 1 号测试时地面失火，3 位宇航员因此牺牲。

阿姆斯特朗

在"征程——飞天"展区的"一大步"展项中可以找到阿姆斯特朗的故事。

阿姆斯特朗在月球上的脚印

哈勃空间望远镜

最有名的空间望远镜

美国国家航空和航天局于 1990 年 4 月 24 日发射的哈勃空间望远镜可以说是天文学历史上最著名的望远镜之一，为纪念发现"天外有天"和宇宙膨胀的著名天文学家哈勃，该望远镜以他的名字命名。哈勃空间望远镜在持续 30 多年的任务中一共完成了 150 多万次观测，为我们拍摄了无数精彩的天文照片，甚至彻底改变了人类对宇宙的认知。

哈勃空间望远镜距离地面 547 千米，它的大小约和一辆校车相当，镜面直径 2.4 米，这个大小在地面上较为普通，但因为它身处太空之中，那里不再有大气的干扰，因此望远镜可以获得极高的分辨率，也能看到更为深远的宇宙天体。

我们在网络、杂志、科普书等处看到的大量迷人的宇宙天体照片，大都是由哈勃空间望远镜拍摄的，它的目光几乎遍及现代天文学的每一个领域。透过这只"太空眼"，科学家们得以推测宇宙的大小与年龄，探索宇宙最边缘的星系，了解黑洞、恒星的演化……哈勃空间望远镜不仅是一台望远镜，更代表了人类探索未知的决心。

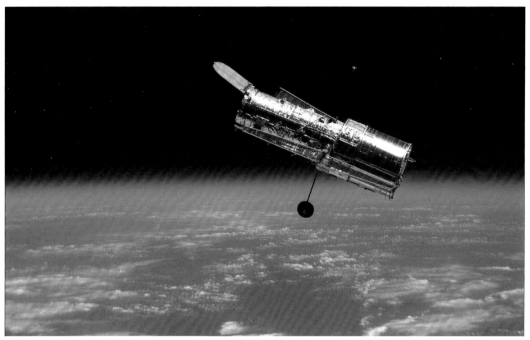

哈勃空间望远镜

● 继承者韦布

美国的詹姆斯·韦布空间望远镜于 2021 年 12 月 25 日发射升空，它因纪念美国国家航空和航天局第二任局长而得名，如今已经成为哈勃空间望远镜的继承者。该望远镜拥有一个总直径 6.5 米，被分割成 18 面镜片的主镜，主要工作于红外波段，有着比哈勃空间望远镜更高的分辨率和灵敏度。韦布空间望远镜主要对宇宙中一些最古老和最遥远的天体进行观测。

"征程——飞天"的结尾天桥两边悬挂着许多著名的空间望远镜的模型，其中就有哈勃空间望远镜的身影。

神舟 5 号
中国人进入太空

　　自古以来，飞天的梦想就埋藏在中华民族的血脉里。1992 年 9 月 21 日，中国正式立项开始了载人航天工程，为实现航天员天地往返而专门研制的载人宇宙飞船被命名为"神舟"，意为"神奇的天河之舟"，同时又是"神州"的谐音。

　　1999 年 11 月 20 日，中国第一艘无人试验飞船神舟 1 号在酒泉航天发射场发射升空。它带着中华民族千年以来的飞天梦想直上九天。

　　2003 年 10 月 15 日，中国第一艘载人航天飞船神舟 5 号同样在酒泉航天发射场发射升空。这艘飞船将中国第一位宇航员杨利伟送入了太空，他因此成为中国"太空第一人"。这是中国首次发射的载人航天飞行器，中国也因此成为世界上继苏联和美国之后，第三个成功将人类送入太空的国家。10 月 16 日，神舟 5 号在完成了 14 圈围绕地球的飞行后，顺利返回地球，杨利伟在太空中度过了 21 小时 22 分钟 45 秒。2003 年 11 月 7 日，杨利伟被授予"航天英雄"称号。

● 中国的太空行走

2008 年 9 月 25 日，神舟 7 号载着三位宇航员翟志刚、刘伯明和景海鹏发射升空。9 月 27 日，翟志刚带着中国人的好奇心第一次踏入了太空，实现了中国人的首次太空行走，五星红旗首次在太空中飘扬。2021 年 11 月 8 日，在神舟 13 号的飞行任务中，王亚平成为第一位实现太空行走的女宇航员。

上海天文馆"常驻天宫"展项

在"征程——飞天"展区的"常驻天宫"展项中，可以找到神舟的故事。

悟空
中国天文卫星的领跑者

空间望远镜掀开了人类探索宇宙的新篇章，国际上，各类空间望远镜争奇斗艳，为当代天文学的发展奉献了许多精彩。随着中国航天事业的快速发展，中国人自己的科学卫星也终于进入了太空。

中国的天文卫星发展迅速，其中最为成功的领跑者就是发射于2015年12月17日的"悟空"卫星。这是中国研发的第一个空间望远镜的昵称，全名为"暗物质粒子探测卫星"，它安装有多种高能探测设备，目标是探索神秘的暗物质之谜。"悟空"一名来源于《西游记》，含有领悟和探索太空之意，希望能像小说中的孙悟空一样，拥有一双探查"暗物质"的火眼金睛。

中国的第二颗天文卫星是2017年6月15日发射升空的"硬X射线调制望远镜"，昵称为"慧眼"，这也是中国研制的第一颗X射线天文卫星，可用于黑洞、中子星、活动星系核等高能天体的研究。2021年10月14日，又一颗重要的天文卫星"羲和"发射升空，成为中国首颗太阳探测卫星。后续还有更多的中国天文卫星正在规划和研制之中。

● 慧眼与羲和

"慧眼"一名是为了纪念中国高能物理领域杰出的女科学家何泽慧院士，希望这颗卫星如同她的眼睛一样，能够穿过星际迷尘的遮挡，探寻深藏在宇宙深处高能天体的秘密。"羲和"是中国上古神话中与太阳相关的神话人物，有多种传说，例如说她是太阳的管理者、太阳之母等，在文学作品中她通常被视作太阳神的化身。

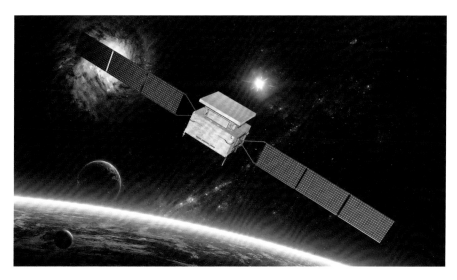

暗物质粒子探测卫星——"悟空"

"中华问天"展区有悟空、慧眼等卫星的模型。

开普勒空间望远镜
探索系外行星的功臣

和哈勃空间望远镜一样，这一次开普勒的大名再次出现，是指向美国发射的又一个声名卓著的空间望远镜。开普勒提出了太阳系行星运动的三大定律，开普勒空间望远镜则被设计为专门探索太阳系之外、其他恒星周围的行星（简称为系外行星）。

开普勒空间望远镜于 2009 年 3 月 7 日发射升空，2018 年 10 月 30 日因燃料耗尽而宣布"退休"。在将近 10 年的时间里，开普勒空间望远镜使用凌星法来探索系外行星，通过对超过 50 万颗恒星的观测和分析，确认了 2662 颗系外行星，约占迄今为止使用各种方法已确认的系外行星总数的 60%。

开普勒空间望远镜的新发现不计其数，其中一些比较著名的发现包括：开普勒 –90 是太阳系之外已发现的由最多行星组成的行星系统，共 8 个行星；开普勒 –22b 是首个被发现位于宜居带上与地球类似的系外行星，半径约为地球的 2.4 倍，围绕一颗类太阳的恒星运转；开普勒 –452b 则是另一个位于宜居带上且大小最接近地球的系外行星，半径约为地球的 1.5 倍。

● 苔丝接班

开普勒空间望远镜的丰功伟业由 2018 年 4 月 18 日发射升空的"凌星法系外行星巡天卫星"所继承，这个空间望远镜的英文缩写（TESS）音译为"苔丝"，它同样使用"凌星法"进行系外行星探索，但是观测目标覆盖的面积比开普勒空间望远镜大 400 倍，而且拥有更高的探测效率。

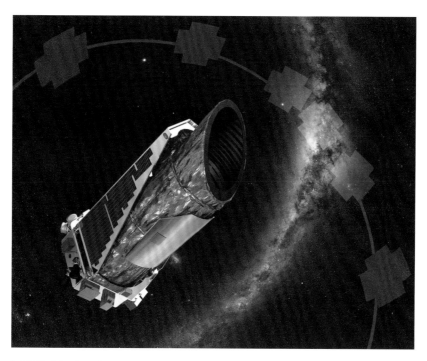

开普勒空间望远镜

"征程——飞天"展区有开普勒空间望远镜的模型，"宇宙"展区介绍了"寻找系外行星的方法"，以及开普勒空间望远镜的工作原理——凌星法。

01

嫦娥奔月
将月壤带回中国

　　嫦娥奔月的神话如今变成了现实，这是属于中国航天人的浪漫。大家一定听说过广寒宫里嫦娥与玉兔相伴的故事吧！如今，中国人也已实现了奔月的梦想，中国国家航天局从 2004 年正式开展月球探测工程，航天人将其命名为"嫦娥"探月工程。

　　2007 年，嫦娥 1 号成功发射，成为我国第一颗绕月卫星，获得了第一张中国拍摄的三维立体月面全图。2010 年发射的嫦娥 2 号拍摄了更高精度的影像资料，其后又对小行星图塔蒂斯进行了一次超近距离的观测。2013 年，嫦娥 3 号携带的"玉兔号"月球车成功实现了月面行走。2019 年，嫦娥 4 号成功着陆于月球背面，人类第一次近距离地看到了月球背面的景象！

　　2020 年，嫦娥 5 号成功实现了返回地球的高难度任务，并带回了其自动采集系统从月球表面采集的 1731 克月壤，这批尊贵的月球来客随着返回舱顺利地来到了地球，进入了中国人的实验室。这也是时隔 48 年后，人类再次将月球样本带回地球。嫦娥计划未来仍将继续发射更多的飞船，最终实现中国宇航员的奔月梦想。

● 玉兔 2 号

　　2019 年，嫦娥 4 号飞船将玉兔 2 号月球车送到了月球的背面，它身披银色外衣，携带全景相机、红外成像光谱仪等科学仪器，这是人类历史上第一次实现在月球背面的行走，月球轨道上的"鹊桥"飞船起到了联系地球监控站与嫦娥 4 号信号的中继作用。玉兔 2 号已圆满完成了预定的科学考察任务。

上海天文馆嫦娥 5 号和玉兔 2 号模型

在"征程——飞天"展区可以找到大量"嫦娥"探月工程的相关展品。

国际空间站
太空中的国际合作

　　国际空间站是当前仍在太空中运行的最大空间平台，是一个拥有现代化科研设备、可开展大规模科学研究的空间实验室，各国科学家都可以申请利用空间站中独特的微重力环境，开展物理科学、生物学与生物技术、技术开发与验证、人体研究、地球与空间科学等领域的研究和科普教育活动。

　　国际空间站项目是一个大型的空间国际合作项目，由美国、俄罗斯、11 个欧洲空间局成员国（法国、德国、意大利、英国、比利时、丹麦、荷兰、挪威、西班牙、瑞典、瑞士）、日本、加拿大和巴西共 16 个国家联合建造，由美国、俄罗斯、欧洲、日本和加拿大的航天机构共同运营管理，是有史以来涉及国家最多的航天合作项目。

　　国际空间站于 1998 年开始在太空中进行装配，2011 年已基本完成建造并投入全面使用，目前在一个近乎圆形的绕地球运行轨道上运行，轨道最高高度为 460 千米。国际空间站可承载 6 名乘员在其中生活和工作。截至 2022 年 4 月，已有超过 20 个国家的航天员和太空游客登上过国际空间站。

● 双胞胎实验

一对双胞胎，一个生活在地上，一个生活在太空，他们的身体会发生什么有趣的变化？马克·凯利和斯科特·凯利这一对双胞胎兄弟就有幸参与了这样的对比实验。2015年3月开始，斯科特·凯利在国际空间站上一直生活到2016年3月。马克·凯利则留在地球上。他们二人都定期接受同样的检测和分析，帮助研究太空环境对人体的影响。

飘浮在地球上空的国际空间站

在"征程——飞天"展区，有"常驻天宫"展项。

 迷人的太空

天宫

中国人的空间站

天宫空间站是中国自行设计建造的载人空间站，"天宫"是这个空间站作为一个整体的名称。它以2021年4月29日成功发射"天和"核心舱为标志，计划在最近几年进行多次飞行任务，通过"天舟"货运飞船和"神舟"载人飞船，将多批航天员送上空间站，逐步完成"问天"和"梦天"两个实验舱的对接安装，还将完成一个"巡天"光学舱的伴随飞行，开展天文观测工作。

天宫空间站的设计寿命在10年以上，能够长期驻留三位航天员。组建完成后，它将成为太空中又一个庞大的实验平台，轨道高度约为400～450千米。如果你在晴朗的夜空中注意观察，也会看到它飘过的身影，如同一颗会移动的星星。

天宫空间站最核心的区域是被称为"天和"的核心舱，主要由节点舱、生活舱和资源舱三部分组成。航天员平时主要在生活舱中活动，开展各种科学实验，还可以开展太空授课等科普教育活动，必要时还将进行太空行走，从事舱外安装工作。截至2022年7月，已有3批共9位航天员进入了天宫空间站。

214

中国天宫空间站

● 太空中的起居

空间站就是航天员在太空中的家。繁忙的工作之余，航天员可以安心地洗漱、用餐、睡觉。天宫空间站配置了微波炉，因此航天员可以享用各种美味的加热食品。更重要的是，航天员在天宫空间站中必须每天坚持锻炼，这是因为在真空环境中，肌肉容易萎缩，骨骼可能会退化，要保持良好的身体状态，航天员就必须进行各种锻炼活动。

在"征程——飞天"展区，可以找到1:1高仿真的"天和"核心舱模型。

上海天文馆"天和"核心舱模型

84

海盗号

火星上有生命吗？

火星在各个方面都与地球相似，更因"火星人"的传说在太阳系众行星中吸引了最多的关注。从 1965 年的水手号开始，人类已经发射了多个探测器对火星进行拍照和观测，然而，探索火星生命的最有效方式莫过于直接登陆火星表面。

为实现这个雄心勃勃的目标，美国将两个一模一样的海盗号无人探测器送到了火星表面不同的地方。海盗 1 号于 1975 年 8 月 20 日发射，1976 年 7 月 20 日在火星克律塞平原着陆；海盗 2 号则于 1975 年 9 月 9 日发射，1976 年 9 月 3 日在火星乌托邦平原着陆。两艘海盗号飞船在绕火星探测期间和着陆后，发回了数万张火星表面图像的传真照片。探测表明，火星是一个荒凉的世界，其表面也有环形山，还有大峡谷、山脉以及许多外表酷似河床的结构物。

两个海盗号着陆器有着同一个重要的任务，即进行生物探测实验。它们都装有一个可以挖取火星表面之下土壤的手臂，可把样品放到着陆器的特殊实验室中进行科学分析，结果虽有争议，但都没有明确能够证明微生物存在的证据出现。

● 生命之谜

　　海盗号探测器在生物探测实验中确实发现了一些异常的化学反应，但是科学家用进一步的实验分析否决了生命物质的存在，认为是当地大量存在的过氧化物造成了异常。然而，有些科学家仍然坚持海盗号当时实际上已经发现了生命存在的证据。未来仍需要更多的探索火星生命的实验，才能真正解开这个谜团。

海盗号拍摄到的火星表面

在"征程——飞天"展区，可以找到历史上关于火星探索的许多视频资料，包括海盗号获取的资料。

05

祝融号
中国的火星车

火星，称得上是人类探测器造访最频繁的行星了。从20世纪70年代开始，人类就已经派出了数十个探测器造访火星。海盗号、探路者号、好奇号，一个个如雷贯耳的火星车，传回了无数关于这个异域世界的风光照片和科学数据，也提供了这颗星球曾经存在过液态水的重要证据。

如今，中国的火星车也踏上了火星的表面，这辆满载中国人智慧与好奇心的火星车名为"祝融号"。祝融是中国神话中的火神，象征我们的祖先用火照耀大地，带来光明。2021年5月15日，中国的天问1号飞船成功地将祝融号火星车投放到了火星北半球的乌托邦平原南部。

几天之后，祝融号安全驶离着陆平台，开始火星表面的巡视探测。祝融号的自带相机拍摄了众多周边环境的高精度照片，各种科研设备也陆续启用。截至2022年5月5日，祝融号在火星表面已度过了347个火星日，累计行驶1921米，获得了大量科学数据。由于火星已转入冬季，不利于科学考察工作，祝融号火星车遂暂时转入了休眠模式。

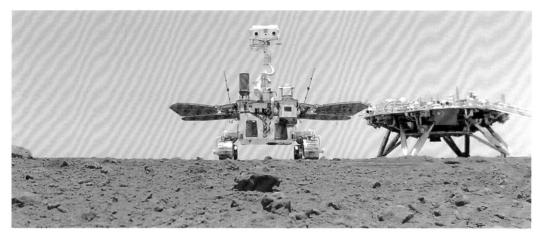

天问 1 号和祝融号的自拍合照

● 毅力号和机智号

比中国的祝融号略早一些登陆火星的还有美国的毅力号火星车，它于 2021 年 2 月 18 日成功登陆火星。有趣的是这台火星车还携带了一个名为"机智号"的无人直升机，这是历史上第一架在另一颗星球上进行动力控制飞行的飞行器。它的飞行高度约 3 ~ 5 米，飞行距离可达 300 米，因此，可以从与以往不同的高空角度进行高清晰摄像，并指导火星车进入难以到达的地形。

在"征程——飞天"展区，有祝融号火星车的高仿真模型。

86 新视野号
探索太阳系的边界

冥王星，曾经位列太阳系第九大行星，后因天文学家修改了行星的定义，冥王星被重新归类为矮行星。由于冥王星代表了太阳系天体系统的外边界，而且曾经是唯一一个未被人类探测器近距离探测过的大行星，所以人们对它的神秘充满了兴趣。美国国家航空和航天局为此专门设计了一个以冥王星探测为目标的探测器，就是新视野号。

新视野号于2006年1月19日发射升空，它在前往冥王星漫长的旅程中，还顺便探访了多个太阳系天体，例如132524号小行星、木星、木卫十七等，甚至在飞越冥王星之后，还在2019年1月飞越了一颗名叫"天涯海角"的486958号小行星——它距离地球约64亿千米，是人类迄今为止飞越的最遥远天体。

新视野号于2015年7月14日到达了最靠近冥王星的地方，用多种科学仪器对冥王星及其卫星进行了全面的探索，我们现在看到的绝大部分冥王星照片都出自它之手。新视野号的考察大大增加了人们对冥王星系统及其所在的柯伊伯带区域的科学认知。

● 星际串门的骨灰

有趣的是，新视野号不仅拥有众多精密的科学仪器，甚至还带着一个"人"去串门了。新视野号携带的一个小盒子中装有少量冥王星发现者克莱德·汤博的骨灰。新视野号飞掠冥王星时，那个小盒子刚好正对着冥王星，它的发现者就能够近距离"亲眼看到"自己发现的星球了。

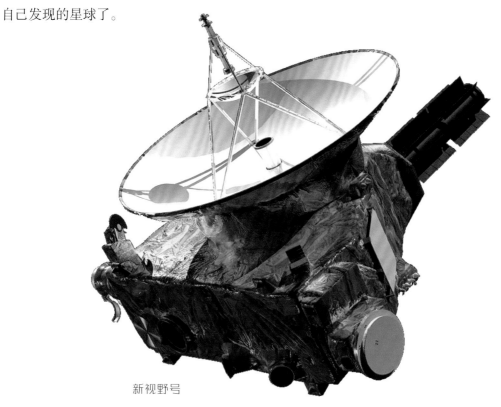

新视野号

在"征程——飞天"展区，有新视野号的高仿真模型。

07 旅行者号
深空使者

  冲出地球后，人类与生俱来的好奇心使我们不断梦想去探索更远的目标。从月球到火星，再到各大行星、多个小行星、彗星和矮行星，在60多年波澜壮阔的航天史上，人类的探测器几乎"踏遍"了太阳系的每一个角落，造访了每一种类型的天体。20世纪70年代，人类就已经雄心勃勃地计划飞出太阳系了。

  1972年3月2日，先驱者10号由美国国家航空和航天局发射，成了人类有计划飞出太阳系的第一个探测器。它也曾经是飞离地球最远的探测器，但在1998年2月17日被速度更快的旅行者1号所超越。

  1977年8月20日和9月5日，美国国家航空和航天局分别发射了"旅行者2号"和"旅行者1号"两艘宇宙飞船，它们是计划飞出太阳系的第二批使者。在漫长的旅途中，它们飞越了木星、土星、天王星、海王星及其卫星，大大扩展了人类对太阳系的认识。40多年过去了，旅行者号至今仍能保持与地球的通信联系。截至2022年6月，旅行者1号与地球的距离已经超过230亿千米，成为历史上迄今为止保持联系并飞得最远的宇宙飞船！

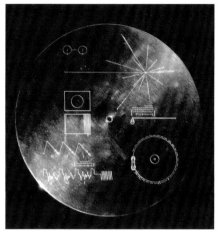

金唱片

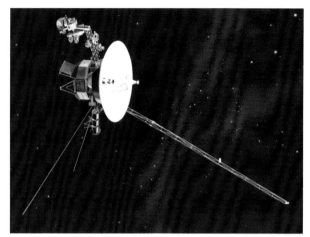

旅行者 1 号

● 金唱片

　　两艘旅行者飞船各自携带了一张名为"地球之音"的铜质镀金激光唱片。这两张金唱片都肩负着一项特殊的任务：向外星人问好！金唱片精心刻制了地球上最具代表性的各种自然之声、27 首世界名曲，以及 55 种人类不同语言的问候。人们期待着有朝一日，这个金唱片能被某个外星球的高等生物发现，并能因此对我们所处的这个世界有所了解。

在"征程——飞天"展区，有旅行者号携带的金唱片的模型。

暗淡蓝点

萨根的演说

看到那个飘浮在黑暗中的小蓝点了吗？它就是我们居住的这颗行星——地球。也许你会感到吃惊，我们的家园看起来竟如此微不足道，但这就是地球在宇宙中的真实样貌！

1990 年 2 月 14 日，旅行者 1 号在掠过海王星后，在距离太阳大约 60 亿千米的地方转身回望，并拍摄了它所探访过的行星，给整个太阳系拍摄了一张全家福。我们看到的这一部分就来自这张震撼人心的照片。

这幅后来以"暗淡蓝点"为名的照片，发出拍摄它的指令的人正是美国著名的天文学家卡尔·萨根博士。照片传回地球后，萨根博士向全世界发表了一场精彩的演说。他说，这个毫不起眼的光点，就是我们的家园。这里有浩瀚的海洋、广袤的陆地，这里有人类的喜怒哀乐，我们所发生的一切都在这个小点中。在浩瀚无垠的宇宙里，我们的家园只是一个很小很小的舞台。它是如此渺小，我们有责任在这里更友好地相处，珍惜、呵护这个淡蓝色的光点，因为这是我们目前为止所知的唯一的家园。

● 卡尔·萨根（1934—1996）

　　美国著名天文学家和科普作家，"搜寻地外文明（SETI）"项目的创始人之一。萨根可以算是公众知名度最高的天文学家之一。他一生发表了600多篇论文，出版了20多本科学书籍，1980年主演的电视系列节目《宇宙：个人游记》轰动世界，使萨根成为家喻户晓的人物。萨根长期担任美国国家航空和航天局的科学顾问，也是旅行者号飞船金唱片的主要设计者。

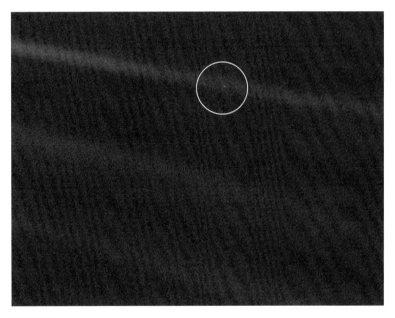

暗淡蓝点

在"征程——飞天"展区的结尾天桥处，有"暗淡蓝点"专题展项。

图片来源

P17, 23, 27, 41 右, 43, 47, 57, 66 左, 76 下, 84, 95 下, 97, 102, 123 下, 135 下, 137 下, 140, 144 下, 147 右, 150, 152, 158 下, 165 右下, 165 下, 169, 171, 175 下, 178, 180 下, 187 下, 188, 190 左, 190 右, 205, 211, 215 下: 上海天文馆

P10-11, 19, 32, 35, 36-37, 41 左, 63, 65, 68 上, 98-99, 111 上, 111 下, 125, 126, 128, 156, 160-161, 162-163, 182, 195: 响个丁丁

P13, 123 上, 146-147: 海洛创意

P14, 16 下, 39, 56, 66 右, 68 下, 92, 104, 114, 130, 133, 143, 144 上, 148-149, 154, 165 上, 173 上, 173 下, 177, 180 上, 181, 185, 187 上, 192 上, 194 上, 197, 215 上, 217, 219: wiki commons

P16 上 ©IAU

P22 上 ©Y. Beletsky (LCO)/ESO/ESA/NASA/M. Zamani

P24, 26©Stellarium

P29, 34, 54, 70, 175 上: 视觉中国

P46©NASA/SDO

P49©NASA/Aubrey Gemignani

P51, 52, 59, 61, 72, 135 上, 201 上, 201 下, 203, 209, 221, 223 左, 223 右, 225©NASA

P73©ESA/NASA/SOHO

P75, 116, 158 上 ©NASA/JPL-Caltech

P76 上 ©Tom and Jane Wildoner, the Dark Side Observatory

P78©ESA & MPS for OSIRIS Team MPS/UPD/LAM/IAA/RSSD/INTA/UPM/DASP/IDA

P80, 83 上 ©NASA, ESA, A. Simon (Goddard Space Flight Center), and M. H. Wong (University of California, Berkeley)

P81 上 ©NASA/ESA/H. Weaver and E. Smith (STSci)

P81 下 ©H. Hammel, MIT and NASA/ESA

P83 下, 88©NASA/JPL

P86©Lawrence Sromovsky, University of Wisconsin-Madison/W.W. Keck Observatory

P90©NASA/Johns Hopkins University Applied Physics Laboratory/Southwest Research Institute

P95 上 ©NEAR Project, JHU APL, NASA

P101©NASA/Adler/U. Chicago/Wesleyan/JPL-Caltech

P106©NASA, ESA, AURA/Caltech, Palomar Observatory

P107©ESA/Hubble and NASA

P109©NASA, ESA, M. Robberto (STScI/ESA) et al.

P112©NASA/ESA

P117©ESO

P119©ACS Science & Engineering Team/Hubble/NASA

P121©X-ray: NASA/CXC/SAO/PSU/D. Burrows et al.; Optical: NASA/STScI; Millimeter: NRAO/AUI/NSF

P137 上 ©LIGO, Caltech, MIT, NSF

P139©M. Blanton and SDSS

P167©ESA/Gaopin

P199 上, 199 下 ©ESA

P207©DAMPE COLLABORATION

P213©NASA/Crew of STS-132

作者简介

上海天文馆是目前全球最大的天文馆，全景式展现宇宙浩瀚图景，拥有太阳望远镜等四大专业级天文观测及天象演示设备，带人们感受星空，理解宇宙，吸引了无数参观者前往。本书的作者均为上海天文馆的设计者、建设者，负责馆里展陈的科学内容，拥有天文、物理、宇宙学相关领域的专业背景和丰富的科普工作经验。主编林清，天文学博士，研究员，现任上海科技馆天文研究中心主任。副主编贾清，上海科技馆天文馆展教中心主任，长期从事科普教育工作。

插画 🔔 响个丁丁
Ring a DingDing

响个丁丁插画工作室，为有趣的信息提供视觉翻译。主理人丁元，毕业于中国美术学院公共美术教育专业，获硕士学位，现工作生活于北京。

图书在版编目（CIP）数据

迷人的太空 / 上海天文馆本书编写组著 . —— 长沙：
湖南科学技术出版社 , 2023.10
ISBN 978-7-5710-2502-1

Ⅰ . ①迷… Ⅱ . ①上… Ⅲ . ①宇宙—少儿读物 Ⅳ .
① P159-49

中国国家版本馆 CIP 数据核字（2023）第 183088 号

上架建议：畅销·科普

MIREN DE TAIKONG
迷人的太空

著　　者：上海天文馆本书编写组
出 版 人：潘晓山
责任编辑：刘　竞
监　　制：吴文娟
策划编辑：董　卉
特约编辑：逯方艺
营销编辑：杜　莎　傅　丽
封面设计：利　锐
版式设计：李　洁
插　　图：响个丁丁
出　　版：湖南科学技术出版社
　　　　　（湖南省长沙市芙蓉中路 416 号　邮编：410008）
网　　址：www.hnstp.net
印　　刷：北京尚唐印刷包装有限公司
经　　销：新华书店
开　　本：787 mm × 1092 mm　1/16
字　　数：200 千字
印　　张：14.25
版　　次：2023 年 10 月第 1 版
印　　次：2023 年 10 月第 1 次印刷
书　　号：ISBN 978-7-5710-2502-1
定　　价：128.00 元

若有质量问题，请致电质量监督电话：010-59096394
团购电话：010-59320018